Leistungsstörungen

Arbeitsmaterialien für den handlungsorientierten Betriebslehreunterricht

von

Horst W. Stierand

winklers verlag ®

Inhaltsverzeichnis

1. Auflage, 2004

Postfach 11 15 52, 64230 Darmstadt
Telefon: 06151 8768-0 Fax: 06151 8768-61
http://www.winklers.de
Druck: westermann druck GmbH, Braunschweig

ISBN 3-8045-**3658**-1

1 Übersicht über die verschiedenen Formen von Leistungsstörungen

1.1 Welche Arten von Leistungsstörungen gibt es?

Ausgangssituation

Beispielsammlung für Kaufvertragsstörungen:

(1) Der Möbelhersteller M liefert einen Schreibtisch, dessen Tischplatte verkratzt ist.

(2) A kauft von B 20 Ecstasy Tabletten.

(3) S trägt in den Bestellschein statt der Bestellnummer 3883 die Nummer 3893 ein.

(4) K nimmt die rechtzeitig und ordnungsgemäß gelieferte Ware nicht an.

(5) P überschreitet den vertraglich vereinbarten Liefertermin um eine Woche.

(6) N zahlt eine am 17. Februar 20.. fällige Rechnung erst am 25. Februar.

(7) O verkauft R seinen Hund, ohne zu wissen, dass das Tier vor wenigen Minuten verendet ist.

(8) Die Saunabau Kaiser KG im Erzgebirge hat bei einem Importeur neues Holz für 28.700,00 € bestellt. Drei Tage später wird das Produktionsgebäude vom Hochwasser überflutet; an eine Weiterproduktion ist vorerst nicht zu denken.

(9) L liefert M ein krankes Pferd, das die übrigen Pferde ansteckt.

(10) T rutscht beim Betreten eines Feinkostgeschäfts auf einer Bananenschale aus und bricht sich das Bein.

Sachdarstellung

1. Die Leistungsstörungen (Pflichtverletzungen)

- Die am häufigsten vorkommenden Leistungsstörungen sind solche, die bei **Erfüllung von Kaufverträgen** auftreten. Es handelt sich hierbei um die Leistungsstörungen im engeren Sinne. Ursächlich kann es sich dabei entweder um **Pflichtverletzungen** des Verkäufers oder des Käufers handeln.

  Liefert der **Verkäufer** die bestellte Ware nicht termingerecht, so kommt es zu einer **„Nicht-Rechtzeitig-" oder „Zu-spät-Lieferung"**, bisher **Lieferverzug**. Wird von ihm mit Mängeln behaftete Ware geliefert, so bezeichnet man diesen Sachverhalt nach dem Sprachgebrauch der Schuldrechtsreform 2002 als **„Schlechtleistung"** oder **„mangelhafte Lieferung"**.

  Der Käufer verletzt seine vertraglich übernommenen Verpflichtungen, wenn er die rechtzeitig und ordnungsgemäß gelieferte **Ware nicht annimmt** und den fälligen Rechnungsbetrag nicht rechtzeitig oder gar nicht bezahlt. Im ersten Fall gerät er in **Annahme- oder Gläubigerverzug**, im zweiten Fall liegt eine **„Nicht-Rechtzeitig-"** oder **„Zu-spät-Zahlung"** (bisher Zahlungsverzug) vor.

  Statt nach dem **Verursacher** der Vertragsverletzung können die Störungen bei der Erfüllung von Kaufverträgen auch danach eingeteilt werden, ob sie die **Warenlieferung** oder die **Geldleistung (Zahlung)** betreffen. Zu den Störungen im Zusammenhang mit der Warenlieferung gehören die Nicht-Rechtzeitig-Lieferung, die Schlechtleistung und der Gläubiger- oder Annahmeverzug. Wird die Geldleistung zu spät oder gar nicht erbracht, dann spricht man von einer „Zu-spät-Zahlung".

- Leistungsstörungen können nicht nur bei der Erfüllung von Rechtsgeschäften, sondern auch schon bei deren **Abschluss** auftreten. Zu dieser Gruppe von Leistungsstörungen rechnen zunächst einmal alle Gegebenheiten, die zur **Nichtigkeit** eines Rechtsgeschäfts führen, so beispielsweise mangelnde Geschäftsfähigkeit, die Nichtbeachtung von Formvorschriften oder Verstöße gegen die guten Sitten. Weiterhin gehören zu dieser Gruppe von Leistungsstörungen Rechtsgeschäfte, die zunächst gültig zustande kommen, die aber aus einem bestimmten Grund (z. B. wegen Irrtums, arglistiger Täuschung oder widerrechtlicher Drohung) **angefochten** werden können und die dann mit rückwirkender Kraft nichtig werden.

- Eine dritte Gruppe von Leistungsstörungen umfasst Tatbestände, die entweder **bisher schon gesetzlich geregelt** waren (so beispielsweise die Unmöglichkeit der Leistung) oder die bislang reines Richterrecht darstellten (z. B. der **Wegfall der Geschäftsgrundlage,** die **Störung bei Vertragsanbahnung,** die **positive Forderungs- oder Vertragsverletzung**). Die genannten vier Formen von Leistungsstörungen sollen im Folgenden kurz **erläutert** werden.

2. Erläuterungen zu einzelnen Formen von Leistungsstörungen

- **Unmöglichkeit der Leistung.** Nach **§ 275 Absatz 1 BGB** ist der Anspruch auf Leistung ausgeschlossen, soweit diese für den Schuldner oder für jedermann unmöglich ist. Das ist regelmäßig nur bei Speziesgütern (einmaligen Sachen, Unikaten wie z. B. Kunstwerken, Sonderanfertigungen, Spezialmaschinen, Modellkleidern) der Fall, nicht bei Gattungsware (Massenerzeugnissen). Bei Unmöglichkeit ist die Leistung nicht nachholbar – im Gegensatz zur Nicht-Rechtzeitig-Lieferung, die eine Verzögerung der Leistung bedeutet.
- **Störung der Geschäftsgrundlage (§ 313 BGB),** Beispiele dafür sind Naturkatastrophen wie die Überschwemmungen in Ostdeutschland, Kriege, Währungsverfall (wie derzeit in Argentinien), die Ereignisse des 11. September 2001 in New York und Washington. Treten solche **außergewöhnlichen Umstände** nach Vertragsschluss auf, dann stellt sich für die Beteiligten die Frage, inwieweit das Rechtsprinzip, **dass abgeschlossene Verträge unbedingt eingehalten und erfüllt** werden müssen (lat.: „pacta sunt servanda") noch Anwendung finden kann. Das uneingeschränkte Festhalten an dem abgeschlossenen Vertrag kann nämlich unter den gegebenen Umständen **unzumutbar** sein. § 313 BGB räumt dem benachteiligten Vertragspartner zwei Rechte ein: Er kann entweder eine **Anpassung des Vertrags** an die veränderten Gegebenheiten verlangen oder den Vertrag durch **Rücktritt** beenden.
- **Störung bei Vertragsanbahnung.** Nach **§ 311 Abs. 2 BGB** entsteht ein **Schuldverhältnis nicht** erst durch den **Abschluss eines Vertrags,** sondern **schon bei Aufnahme von Vertragsverhandlungen, bei der Anbahnung eines Vertrags** und bei **ähnlichen geschäftlichen Kontakten**. Ein derartiges Schuldverhältnis verpflichtet die potenziellen Vertragspartner zur **Rücksichtnahme** auf die Rechte, die Rechtsgüter und Interessen des jeweils anderen Teils (§ 241 Abs. 2). **Beispiel:** Ein Kunde stolpert beim Betreten eines Modegeschäfts über eine Schwelle und verletzt sich dabei im Gesicht; eine teure Brille geht zu Bruch. Es fragt sich in diesem Falle, ob der Modehausinhaber **vorvertragliche Pflichten** (z. B. **Informations-, Hinweis-, Schutz- oder Obhutspflichten**) verletzt hat und ob er die **Pflichtverletzung zu vertreten hat**. Falls das der Fall ist, kann der Geschädigte **Ersatz** des hieraus entstandenen Schadens nach § 280 BGB fordern.
- **Positive Forderungsverletzung (positive Vertragsverletzung).** In diesem Falle wird die Leistung vom Verkäufer erbracht, jedoch **erleidet der Käufer** durch die Schlechterfüllung oder durch die Verletzung von vertraglichen Nebenpflichten einen **zusätzlichen Schaden**. Beispiel: Kauf eines mit einer Seuche infizierten Schafs, das die ganze Herde ansteckt. Der Käufer ist berechtigt **Ersatz für diesen Schaden** zu verlangen. Anspruchsgrundlage ist **§ 280 Abs. 1 BGB**. Die **Voraussetzungen des Schadensersatzes statt der Leistung** bei der **Verletzung einer Nebenpflicht** werden in **§ 282 BGB** geregelt. Auch in diesem Fall kann der Schadensersatzanspruch mit der im § 241 Abs. 2 BGB geforderten **Rücksichtnahme** auf die Interessen des Vertragspartners begründet werden.

3. Übersicht über mögliche Störungen im Zusammenhang mit Kaufgeschäften

Siehe folgende Seite.

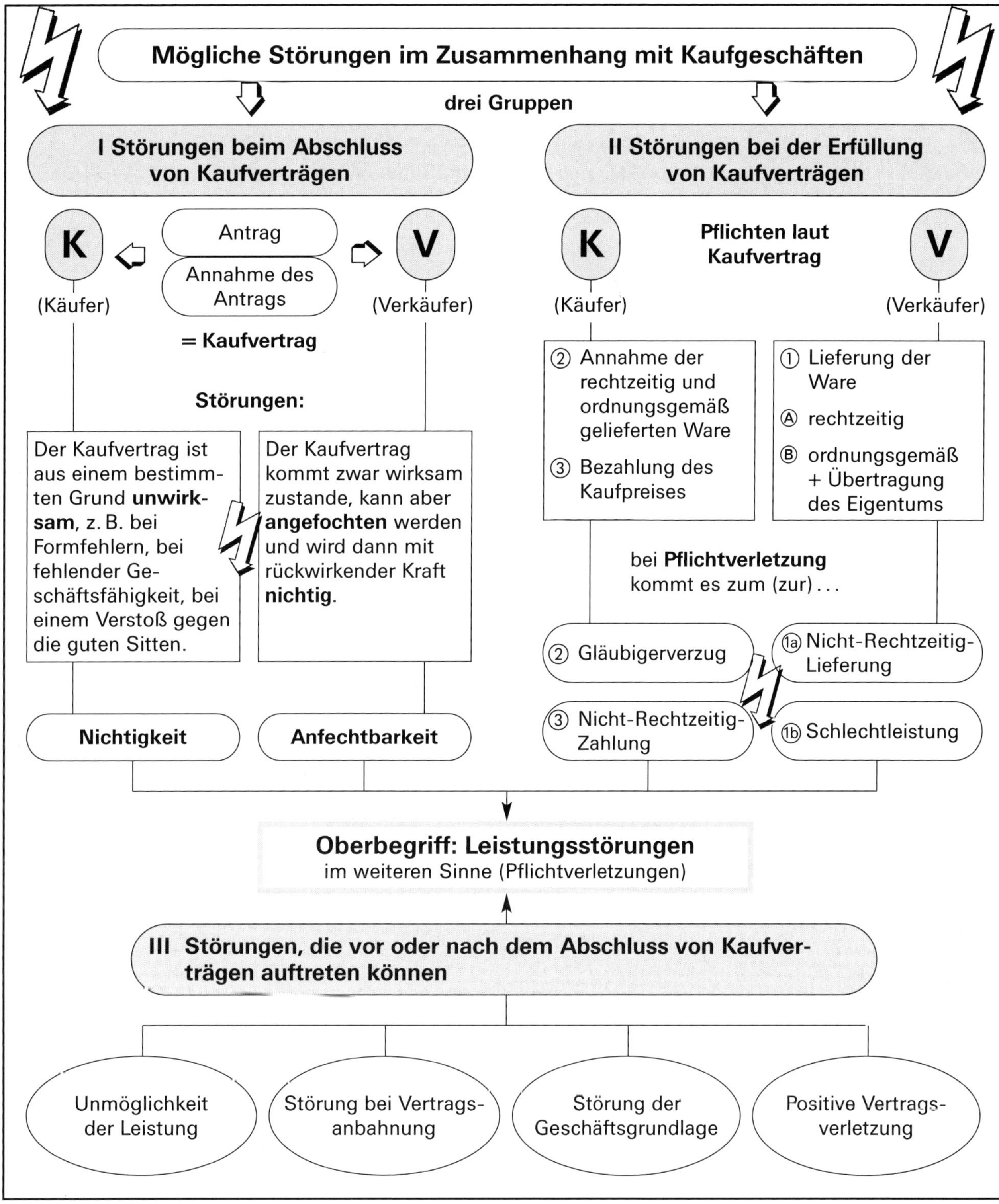
Mögliche Störungen im Zusammenhang mit Kaufgeschäften
drei Gruppen
I Störungen beim Abschluss von Kaufverträgen
K
(Käufer)
Antrag
Annahme des Antrags
V
(Verkäufer)
= Kaufvertrag
Störungen:
Der Kaufvertrag ist aus einem bestimmten Grund unwirksam, z. B. bei Formfehlern, bei fehlender Geschäftsfähigkeit, bei einem Verstoß gegen die guten Sitten.
Der Kaufvertrag kommt zwar wirksam zustande, kann aber angefochten werden und wird dann mit rückwirkender Kraft nichtig.
Nichtigkeit
Anfechtbarkeit
II Störungen bei der Erfüllung von Kaufverträgen
K
(Käufer)
Pflichten laut Kaufvertrag
V
(Verkäufer)
② Annahme der rechtzeitig und ordnungsgemäß gelieferten Ware
③ Bezahlung des Kaufpreises
① Lieferung der Ware
Ⓐ rechtzeitig
Ⓑ ordnungsgemäß + Übertragung des Eigentums
bei Pflichtverletzung kommt es zum (zur) ...
② Gläubigerverzug
③ Nicht-Rechtzeitig-Zahlung
(1a) Nicht-Rechtzeitig-Lieferung
(1b) Schlechtleistung
Oberbegriff: Leistungsstörungen
im weiteren Sinne (Pflichtverletzungen)
III Störungen, die vor oder nach dem Abschluss von Kaufverträgen auftreten können
Unmöglichkeit der Leistung
Störung bei Vertragsanbahnung
Störung der Geschäftsgrundlage
Positive Vertragsverletzung

1.2 Welche Arten von Leistungsstörungen werden im BGB 2002 (Schuldrechtsreform) unterschieden?

Das neue BGB definiert **Leistungsstörungen als Pflichtverletzungen;** hierbei wird zwischen der **Verletzung von Haupt- und Nebenpflichten** unterschieden. Das Ergebnis sind insgesamt **acht Formen von Leistungsstörungen**. Neben diesen **Leistungsstörungen im engeren Sinne** bleiben die **Vorschriften über die Nichtigkeit und Anfechtbarkeit von Rechtsgeschäften** bestehen (Störungen beim Abschluss von Rechtsgeschäften).

Leistungsstörungen im Sinne der Schuldrechtsreform BGB 2002

Die Pflichtverletzung
als zentrale Anspruchsgrundlage des neuen Leistungsstörungsrechts (§ 280 Abs. 1 S. 1 BGB)

Zwei Gruppen von Pflichtverletzungen

Verletzung leistungsbezogener Pflichten (Hauptpflichten)	**Verletzung leistungsunabhängiger Pflichten (Nebenpflichten)**
• Schlechtleistung	• Störung bei Vertragsanbahnung
• Nicht-Rechtzeitig- oder Zu-spät-Lieferung (Lieferungsverzug) • Annahme- oder Gläubigerverzug • Nicht-Rechtzeitig- oder Zu-spät-Zahlung	• Positive Vertragsverletzung (positive Forderungsverletzung)
• Ausbleiben der Leistung wegen Unmöglichkeit	• Wegfall der Geschäftsgrundlage

Die Fälle der **Verletzung von Nebenpflichten („sonstige Pflichtverletzungen")** sind im Zuge der Schuldrechtsreform **erstmals ausdrücklich im BGB geregelt** worden. Bisher wurden sie in die Rechtsprechung als **Richterrecht** in Form von **Gerichtsurteilen** einbezogen.

Arbeitsaufträge und Fragen zur Stofferschließung

1. In welche **drei Gruppen** können mögliche **Leistungsstörungen eingeteilt** werden?
2. **Welche Rechtsfolgen** ergeben sich bei Störungen, die **beim Abschluss** von Kaufverträgen auftreten?
3. **Welche Handlungsweise** eines Vertragspartners liegt den Störungen zugrunde, die bei **Erfüllung eines Kaufvertrags** auftreten?
4. **Welche Arten von Störungen** können bei der **Erfüllung eines Kaufvertrags** auftreten?
5. **Welche Störungen** betreffen die **Warenlieferung**, welche die **Geldleistungen?**
6. **Welche zwei Gruppen von Pflichtverletzungen** lassen sich bei den **Leistungsstörungen im Sinne der Schuldrechtsreform BGB 2002** unterscheiden?
7. **Erläutern Sie** anhand eines eigenen Beispiels, was man unter einer **„Störung der Geschäftsgrundlage"** versteht und zu **welchem Ergebnis** sie führt.
8. **Nennen Sie** ein eigenes **Beispiel** für die **Unmöglichkeit der Leistung** und die daraus resultierenden **Rechtsfolgen.**
9. **Was** versteht man unter einer **„positiven Forderungs- bzw. Vertragsverletzung"?** Geben Sie außer einer **Begriffserklärung** zur Veranschaulichung auch ein eigenes **Beispiel** an.
10. **Erläutern Sie** an einem praktischen **Beispiel** eine **Störung bei Geschäftsanbahnung.**
11. **Bestimmen Sie** nun für die **Beispiele (1) bis (10) der Ausgangssituation** die jeweilige **Art der Leistungsstörung.**

1.3 Aufgabe zur Lernzielkontrolle und Sicherung des Lernerfolgs

Aufgaben mit Auswahlantwort (Stets 1 aus 5! Notieren Sie die Lösung auf einem Arbeitsblatt, z. B. b).

[1] Welche von den folgenden **Aussagen zu den Kaufvertragsstörungen ist falsch?**

(a) Zu den Störungen bei Abschluss von Kaufverträgen zählen die Nichtigkeit und die Anfechtbarkeit.

(b) Bei der Erfüllung von Kaufverträgen kann es zu Pflichtverletzungen des Verkäufers oder des Käufers kommen.

(c) Der Verkäufer kann die Erfüllung von Kaufverträgen auf zweierlei Art und Weise stören, nämlich durch nicht rechtzeitige und nicht ordnungsgemäße Lieferung von Waren.

(d) Der Käufer kann bei Verletzung seiner Vertragspflichten entweder in Annahme- oder in Zahlungsverzug geraten.

(e) Alle Störungen im Zusammenhang mit der Warenlieferung gehen vom Verkäufer aus; der Käufer kann lediglich Störungen in Bezug auf die Geldleistung verursachen.

[2] Welche der folgenden Begriffe passen inhaltlich nicht zueinander?

(a) Unmöglichkeit der Leistung – Gattungsware (Massengüter)

(b) Positive Forderungsverletzung – Eintreten eines zusätzlichen oder Folgeschadens

(c) Störung bei Vertragsanbahnung – Entstehung eines Schuldverhältnisses schon bei geschäftlicher Kontaktaufnahme

(d) Störung der Geschäftsgrundlage – Eintreten von außergewöhnlichen Umständen

(e) Unmöglichkeit der Leistung – Die Leistung ist nicht nachholbar.

1.4 Zusammenfassung wichtiger Lerninhalte

- Bei Kaufverträgen lassen sich **drei Gruppen von Leistungsstörungen** unterscheiden (Leistungsstörungen im weiteren Sinne): (1) Störungen beim Abschluss von Kaufverträgen, (2) solche bei deren Erfüllung und (3) Störungen, die vor oder nach dem Abschluss von Kaufverträgen auftreten können.
- Zu den **Störungen beim Abschluss von Kaufverträgen** gehören alle Rechtsgeschäfte, die nichtig oder anfechtbar sind.
- Zur Gruppe der **Störungen, die bei der Erfüllung von Kaufverträgen** auftreten, rechnen die Schlechtleistung, die Nicht-Rechtzeitig-Lieferung, der Annahme- oder Gläubigerverzug und die Nicht-Rechtzeitig-Zahlung.
- **Eine dritte Gruppe von Störungen** umschließt die Unmöglichkeit der Leistung, die Störung bei Vertragsanbahnung, die Störung der Geschäftsgrundlage und die positive Forderungs- oder Vertragsverletzung.
- Die Störungen bei der Erfüllung von Kaufverträgen können die **Warenlieferung** oder die **Geldleistung (Zahlung)** betreffen. Zur erstgenannten Kategorie zählen die Nicht-Rechtzeitig-Lieferung, die Schlechtlieferung und der Annahme- oder Gläubigerverzug; in die zweite Gruppe einzureihen ist die Nicht-Rechtzeitig-Zahlung (der Zahlungsverzug).
- Bei **Unmöglichkeit der Leistung** besteht kein Anspruch auf Leistung (§ 275 Abs. 1 BGB).
- Wird die **Geschäftsgrundlage** durch außergewöhnliche Umstände (z. B. Naturkatastrophen, Terroranschläge) nach Vertragsschluss schwerwiegend verändert, so kann die Anpassung des Vertrags an die veränderten Umstände verlangt werden, soweit einem Teil das Festhalten am unveränderten Vertrag nicht zugemutet werden kann (§ 313 Abs. 1 BGB).
- Ein Schuldverhältnis kann nicht erst durch den Abschluss eines Vertrags, sondern bereits bei der Aufnahme von geschäftlichen Kontakten entstehen. Kommt es in diesem Stadium zu Pflichtverletzungen, dann handelt es sich um **Störungen bei Vertragsanbahnung**.
- Bei der **positiven Forderungs- oder Vertragsverletzung** erleidet der eine Teil (Käufer) durch die Schlechterfüllung oder durch die Verletzung von Nebenpflichten einen zusätzlichen Schaden bzw. Folgeschaden.
- **Die Pflichtverletzung** ist die zentrale Anspruchsgrundlage des neuen Leistungsstörungsrechts. Hierbei ist zu unterscheiden zwischen der Verletzung leistungsbezogener Pflichten (Hauptpflichten) und der Verletzung leistungsunabhängiger Pflichten (Nebenpflichten). Werden Hauptpflichten verletzt, führt das zu Leistungsstörungen wie Schlechtleistung, Nicht-Rechtzeitig- oder Zu-spät-Lieferung, Nicht-Rechtzeitig- oder Zu-spät-Zahlung, Annahme- oder Gläubigerverzug. Die Verletzung von Nebenpflichten kann zu einer Störung bei Vertragsanbahnung, zu einer positiven Vertragsverletzung oder zu einem Wegfall der Geschäftsgrundlage führen.

2 Die Schlechtleistung (mangelhafte Lieferung)

2.1 Wie ist die Rechtslage bei Kaufverträgen?

2.1.1 5-Phasen-Schema:

(zeitliche und organisatorische Abwicklung einer Schlechtleistung)

Ausgangssituation

Auszug aus einem Schreiben der Firma „Feinkost-Moser", Ulm, an den Lieferer Herbert Kaiser & Söhne, Esslingen, vom 20. März 20..:

... im vergangenen Monat sind infolge von Krankheiten zwei Mitarbeiter unseres Unternehmens überraschend ausgefallen. Daher kommen wir erst heute dazu, Ihre Lieferung vom 3. d. M. zu überprüfen.

Leider müssen wir feststellen, dass die italienischen Spinatnudeln teilweise zerbrochen und von grauem Aussehen sind; im Übrigen riechen sie modrig. Wir vermuten, dass es sich um alte Ware handelt.

Außerdem beschwerte sich heute Morgen eine Kundin über den völlig ungenießbaren Lachs in Dosen. Die Überprüfung der restlichen 54 Dosen aus Ihrer Lieferung in unserem Lager ergab, dass die Mehrzahl deutliche Verformungen aufweist, die ohne Zweifel auf verdorbene Ware schließen lassen. Wir können unseren Kunden natürlich keine der Dosen zum Kauf anbieten.

Von den bestellten 120 Flaschen Retsina boutari (0,7 l) wurden nur 100 Flaschen geliefert, und zwar – entgegen der Bestellung nicht Weißwein, sondern Roséwein.

Wir stellen Ihnen sämtliche beanstandeten Waren zur Verfügung. Bitte schicken Sie uns noch diese Woche die von uns tatsächlich bestellten Lebensmittel in einwandfreier Qualität und in der richtigen Menge.
Wir bitten Sie bei der Ausführung unserer Aufträge in Zukunft ein wenig sorgfältiger zu verfahren.

Mit freundlichen Grüßen ...

Sachdarstellung

Bei der Bearbeitung einer Schlechtleistung im Betrieb lassen sich rein theoretisch insgesamt fünf Phasen unterscheiden, die sich in der Wirtschaftspraxis teilweise überschneiden.

1. **Phase I: Die eingetroffene Ware wird geprüft**

   Hierbei ist zwischen der äußeren Kontrolle einer Warensendung und der Material- oder Artikelkontrolle zu unterscheiden.

- **Äußere Kontrolle**

  Sie betrifft die Überprüfung der Empfängeranschrift, die Kontrolle der Art und Menge der angelieferten Einheiten sowie des Zustands der Versandverpackung.

  – Durch die **Überprüfung der Empfängeranschrift** sollen Falschlieferungen ausgeschlossen werden. Bei ungenauen oder ähnlich lautenden Adressenangaben kann es vorkommen, dass Sendungen in einem Betrieb abgeliefert werden, die für einen anderen Empfänger bestimmt sind. Solche Falschlieferungen blockieren kostbaren Lagerraum und verursachen bis zu ihrer Abholung zusätzlich Kosten. Sie sind deshalb zu vermeiden.

  – Nach der Adressenkontrolle wird überprüft, ob die angelieferten Einheiten (z. B. Container, Paletten, Kisten, Kartons) **art- und mengenmäßig** mit den **Angaben auf den Transportpapieren übereinstimmen.**

  – Die **Überprüfung der Versandverpackung** ist deshalb bedeutsam, weil bei vorhandener Beschädigung vermutet werden kann, dass die Sendung einen Transportschaden erlitten hat.

■ **Verhalten des Warenempfängers**

Sind bei der äußeren Kontrolle **keine Beanstandungen** festgestellt worden, so wird der Empfänger der Ware oder ein Mitarbeiter des Lagers dem Anlieferer die ordnungsgemäße Übergabe der Ware bestätigen. Werden hingegen bei der Überprüfung einer Lieferung **Fehler festgestellt,** so kann der Empfänger wie folgt reagieren:

- **Zurückweisung (Nichtannahme) der Ware,** z. B. bei Falschlieferungen (ein anderer Empfänger ist angegeben), bei Zusendung nicht bestellter Ware oder bei vorzeitig gelieferter Ware (Fixkauf).
- Der Empfänger **nimmt die Ware an** und lässt sich vom Anlieferer durch Unterschrift auf dem Transportpapier den vorgefundenen **Tatbestand bestätigen** (Tatbestandsmeldung), so beispielsweise bei einer unvollständigen Lieferung (drei statt vier Kisten), bei falsch gelieferten Einheiten (Kartons statt Kisten) und bei beschädigter Verpackung oder Ware.

■ **Material- oder Artikelkontrolle**

Wenn sich bei der äußeren Kontrolle keine Beanstandungen ergeben, dann wird die Ware **ausgepackt** und einer **Prüfung unterzogen.**

- Als **Unterlagen** können dafür die Bestellscheinkopie, der Lieferschein, die Versandanzeige, der Packzettel, eine mitgeschickte Rechnung, die Auftragsbestätigung sowie Muster und Proben herangezogen werden.
- Der **Umfang der Prüfung** richtet sich nach der Art der erhaltenen Ware. Bei vertretbaren Sachen (Massenartikeln) werden im Allgemeinen nur Stichproben gemacht; eine Prüfung jedes einzelnen Artikels wäre in diesem Falle zu aufwendig.
- Das **anzuwendende Prüfungsverfahren** ist je nach Warenart verschieden. Bei Lebensmitteln werden z. B. Geschmacks- und Geruchsproben gemacht, bei Stoffen sind es Knitter- und Zerreißproben, bei Metallen Druck-, Dehn- oder chemische Proben.

■ **Ausstellung einer Prüf- und Wareneingangsmeldung**

- Die Ergebnisse der Material- oder Artikelkontrolle werden regelmäßig in einer **Prüfmeldung** schriftlich festgehalten. Sie dient als Grundlage für die Abfassung einer Mängelrüge und für die Geltendmachung von Gewährleistungsansprüchen durch den Käufer.
- Werden bei der Überprüfung der Ware **keine Mängel festgestellt,** dann stellt das Lager eine **Wareneingangsmeldung** aus und schickt diese an die Einkaufsabteilung. In diesem Vordruck sind die wichtigsten Angaben über die Lieferung (Art und Menge der Ware, Versandart) vermerkt. Anschließend wird die Ware ins Lager transportiert.

2. Phase II: Bei der Warenprüfung werden Mängel festgestellt

Welcher Art die Mängel sein können, die bei der Warenprüfung festgestellt und danach in der **Prüfmeldung** schriftlich festgehalten werden, zeigt die folgende **Übersicht**.

3. Phase III: Abfassung einer schriftlichen Mängelrüge/Mängelanzeige – Die festgestellten Mängel werden beim Lieferer angezeigt

■ **Wortlaut einer Mängelrüge** (Siehe Ausgangssituation):

■ **Praktische Bedeutung**

Durch die Mängelrüge (Reklamation) zeigt der Käufer dem Verkäufer an, dass die Lieferung mangelhaft war, dass es sich also um eine Schlechtleistung handelt. **Eine rechtzeitige Mängelanzeige ist die Voraussetzung dafür, dass der Käufer seine Gewährleistungsansprüche geltend machen kann.** „Unterlässt der Käufer die Anzeige, so gilt die Ware als genehmigt, es sei denn, dass es sich um einen Mangel handelt, der bei der Untersuchung nicht erkennbar war" (§ 377 Abs. 2 HGB). § 377 Abs. 4 HGB bestimmt, dass der Käufer seine Rechte wahrt, wenn er die Mängelanzeige rechtzeitig absendet.

Die Mängelanzeige ist eine **empfangsbedürftige Willenserklärung,** für die eine **bestimmte Form** im Gesetz **nicht vorgeschrieben** ist. Aus Beweisgründen sollte sie aber **schriftlich abgefasst** werden. **Inhaltlich** gehört zu den wichtigsten Bestandteilen eines solchen Schreibens die **genaue Spezifizierung der festgestellten Mängel** sowie die **Geltendmachung der Gewährleistungsansprüche.**

(Fortsetzung übernächste Seite).

ÜBERSICHT:

MÄNGELARTEN

SACHMÄNGEL (§ 434 BGB)

Ein solcher liegt vor, wenn die Sache zum Zeitpunkt des Gefahrübergangs **nicht** die **vereinbarte Beschaffenheit** aufweist, z. B. wenn sie beschädigt oder verdorben ist.

RECHTSMÄNGEL (§ 435 BGB)

In diesem Fall ist die verkaufte Sache **nicht frei von Rechten Dritter.** Beispielsweise hat ein Dritter ein **Pfandrecht** an der verkauften Sache oder er ist deren **Eigentümer** (so u. a. bei gestohlenen Sachen).

Ohne Vorliegen besonderer Vereinbarungen über die Beschaffenheit wird von einem Sachmangel ausgegangen, wenn:

1. Die gelieferte Ware **eignet sich nicht für die nach dem Vertrag vorausgesetzte Verwendung.**
   § 434 Abs. 1 S. 2 Ziff. 1 BGB

2. Die gelieferte Ware **weist nicht die Beschaffenheit auf,** die bei Sachen der gleichen Art **üblich** ist und **vom Käufer erwartet** werden kann.
   § 434 Abs. 1 S. 2 Ziff. 2 BGB

3. Die **tatsächlichen Eigenschaften** einer Ware **entsprechen nicht** den **in der Werbung hervorgehobenen Eigenschaften** bzw. Qualitäten.
   § 434 Abs. 1 S. 2 Ziff. 3 BGB

4. Die gelieferte Ware wurde vom Verkäufer oder seinem Erfüllungsgehilfen **unsachgemäß montiert.**
   § 434 Abs. 2 S. 1 BGB

5. Der gelieferten Ware wurde eine **mangelhafte Montageanleitung** beigefügt, sodass Probleme beim Zusammenfügen der Einzelteile entstehen.
   § 434 Abs. 2 S. 2 BGB

6. Die gelieferte Ware war **nicht bestellt** worden oder wurde **nicht** in der **bestellten Menge** geliefert (Falsch- oder Aliudlieferung/zuwenig- oder Mankolieferung)
   § 434 Abs. 3 BGB

BEACHTE:	Sach- und Rechtsmängel werden hinsichtlich der Rechtsfolgen (Gewährleistungsansprüche) gleichgestellt.

Fortsetzung von c): Anzeige der festgestellten Mängel beim Lieferer

- **Die Prüfungs- bzw. Rügefrist**

  – **Der Zeitpunkt**, bis zu dem es möglich ist, einen festgestellten Mangel beim Lieferer zu rügen, ist von **zwei Gesichtspunkten** abhängig:

  - einmal von der **Art des festgestellten Mangels** (offener/versteckter oder arglistig verschwiegener Mangel),
  - zum anderen von der **Rechtsposition,** der am Kaufvertrag Beteiligten (Kaufmann/Nichtkaufmann).

  – **Mängel im Hinblick auf ihre Erkennbarkeit**

  Offene Mängel sind bei einer sorgfältigen Warenprüfung erkennbar, so z. B. zerbrochene Nudeln, Kratzer, Leimflecken bei Möbeln.

  Versteckte Mängel sind nicht sofort erkennbar; sie zeigen sich erst später, z. B. bei der Ingebrauchnahme der bei der Verarbeitung der Kaufsache. Beispiel: fehlende Farbechtheit oder Knitterfreiheit von Stoffen.

  – **Arglistig verschwiegene Mängel**

  Es sind **nicht sofort erkennbare Mängel,** die zudem vom Verkäufer **absichtlich verheimlicht** werden, um den **Käufer nicht vom Abschluss des Kaufvertrags abzuhalten.** **Beispiel:** Ein Unfallauto wird auf eine entsprechende Frage des Käufers hin als normaler Gebrauchtwagen verkauft.

  – **Übersicht:**

<table>
<tr><th rowspan="2">Art des Mangels (Erkennbarkeit)</th><th colspan="2">Prüfungs- bzw. Rügefristen</th></tr>
<tr><th>... für Kaufleute</th><th>... für Nichtkaufleute</th></tr>
<tr><td>Offene Mängel</td><td>unverzüglich, d. h. ohne schuldhaftes Zögern, also „unverzüglich nach der Ablieferung durch den Verkäufer“ (§ 377 Abs. 1 und 2 HGB).</td><td rowspan="3">innerhalb von zwei Jahren (§ 438 Abs. 1 Ziff. 3 BGB). Die Beweislast für das Vorhandensein eines Mangels trägt grundsätzlich der Käufer. Sonderregelung für den Verbrauchsgüterkauf: Wird ein Mangel innerhalb von sechs Monaten angezeigt, dann muss der Verkäufer beweisen, dass die Ware zum Zeitpunkt des Gefahrübergangs mangelfrei war, andernfalls muss er für den Mangel haften. Nach sechs Monaten trägt der Käufer die Beweislast (sog. Beweislastumkehr; siehe hierzu die Ausführungen zum Verbrauchsgüterkauf).</td></tr>
<tr><td>Versteckte Mängel</td><td>unverzüglich nach dem Entdecken des Mangels, jedoch innerhalb von zwei Jahren (§ 438 Abs. 1 Ziff. 3 BGB, § 377 Abs. 3 HGB).</td></tr>
<tr><td>Arglistig verschwiegene Mängel</td><td>unverzüglich nach dem Entdecken des Mangels, jedoch innerhalb von drei Jahren (§ 438 Abs. 3 S. 1 BGB, § 377 Abs. 5 HGB)</td></tr>
</table>

4. Phase IV: Der Käufer macht Gewährleistungsansprüche geltend

- **Voraussetzungen für die Geltendmachung von Ansprüchen aus der Sachmängelhaftung (Gewährleistungsansprüchen):**

  – Bestehendes Schuldverhältnis, z. B. Kauf-, Werk-, Werklieferungs-, Miet-, Pachtvertrag

  – Vorliegen eines Sachmangels gemäß § 434 BGB

  – im Zeitpunkt des Gefahrübergangs gem. § 434 Abs. 1 S. 1 BGB

  – den der Käufer bei Abschluss des Kaufvertrages nicht kannte (§ 442 Abs. 1 S. 1 BGB)

  – Falls dem **Käufer** ein **Mangel infolge grober Fahrlässigkeit unbekannt** geblieben ist, so kann er die Rechte wegen dieses Mangels nur dann geltend machen, wenn der **Verkäufer den Mangel arglistig verschwiegen** oder eine **Garantie** für die Beschaffenheit der Sache **übernommen** hat (§ 442 Abs. 1 S. 2 BGB).

Übersicht: Rechte, die der Käufer geltend machen kann

GEWÄHRLEISTUNGSANSPRÜCHE DES KÄUFERS

Zwei Gruppen

Vorrangig geltend zu machende Rechte – ohne Nachfristsetzung für die Mangelbeseitigung	**Nachrangig geltend zu machende Rechte** – nach Ablauf einer angemessenen Nachfrist
§§ 437 Ziff. 1, 439 Abs. 1 BGB: NACHERFÜLLUNG	§ 437 Ziff. 2 und 3 BGB: **Rechte des Käufers nach einer unterbliebenen oder fehlgeschlagenen Nacherfüllung**
Der Käufer kann … – **Nachbesserung** (Mangelbeseitigung, Reparatur) oder – **Neu- oder Ersatzlieferung** oder – **Schadensersatz neben der Leistung** (sog. „kleiner Schadensersatz“) (Mängelfolgeschäden) verlangen.	Der Käufer kann … – **Rücktritt vom Vertrag** (d. h. Aufhebung des Kaufvertrags) oder – **Preisminderung (Preisnachlass),** also Herabsetzung des Kaufpreises, oder – **Schadensersatz statt Leistung** (sog. „großer Schadensersatz“) oder – den **Ersatz vergeblicher Aufwendungen** fordern.

5. Phase V: Verhalten des Käufers bei Erhalt mangelhafter Ware

Es gibt **drei Möglichkeiten,** wie sich der Käufer bei Schlechtleistung verhalten kann.

– (1) Der Käufer **behält** die Ware, z. B. wenn er vom Lieferer einen **Preisnachlass** erhält. In diesem Fall wird der Käufer Eigentümer der Ware.

– (2) Der Käufer stellt dem Verkäufer die Ware **zur Verfügung.**

In diesem Fall muss zwischen Versendungs- und Platzkauf unterschieden werden.

- Für den **Versendungskauf** gilt § 379 Abs. 1 HGB. Die Ware muss aufbewahrt werden; sie darf nicht einfach an den Verkäufer zurückgeschickt werden. Grund: Vermeidung unnötiger Transportkosten.
- Beim **Platzkauf** darf der Käufer die Ware an den Verkäufer zurücksenden.

– (3) **Leicht verderbliche Ware.** Nach § 379 Abs. 2 HGB kann der Käufer einen Notverkauf durchführen lassen, wenn Gefahr im Verzuge ist.

Arbeitsvorlage 1: Beispielsammlung für Mängelarten

(1) Kauf einer Armbanduhr, die täglich eine halbe Stunde nachgeht.
(2) Kauf einer Sauna zum Selberbauen. Die Montageanleitung ist in finnischer Sprache abgefasst.
(3) Bierlieferung: Statt des bestellten Hefeweizenbiers wird Kristallweizenbier geliefert.
(4) Beim Einbau einer Kücheneinrichtung wird versehentlich die Lichtleitung angebohrt.
(5) Lieferung von Felgen, die nicht zu den für den jeweiligen Autotyp benötigten Reifen passen.
(6) Auf einem Flug von Frankfurt nach New York wird weder Essen noch Trinken serviert.
(7) Statt der bestellten zwölf Kartons zu je sechs Flaschen werden nur 10 Kartons Rotwein Aspacher Trollinger mit Lemberger geliefert.
(8) Ein Auto, das mehr als fünf Liter je 100 km verbraucht, wird in einem Werbeprospekt als 3-Liter-Auto angepriesen.
(9) Eine Markise wird so montiert, dass sie schon bei einem leichten Windstoß herunterfällt.
Die unter der Markise frühstückende vierköpfige Familie erleidet Verletzungen am Kopf und an den Beinen.
(10) Ein neuwertiger Tintenstrahldrucker zieht nach dem Ausdruck einer knappen halben Seite regelmäßig ein neues Blatt ein und setzt den Druckvorgang fort.

Arbeitsaufträge und Fragen zur Stofferschließung

1. Wie Sie aus der umfangreichen Sachdarstellung entnehmen können, ist das Thema Schlechtleistung (mangelhafte Lieferung) ziemlich **komplex.** Damit Sie einen **ersten Überblick** über das zu behandelnde Thema bekommen, sollten Sie sich zunächst einmal mit der als **Ausgangssituation** angeführten **Mängelrüge** befassen. Beantworten Sie danach die folgenden **Leitfragen.**

a) **In welche fünf Phasen** kann die Abwicklung der Schlechtlieferung bei der Firma Feinkost-Moser eingeteilt werden?

b) **Wie** ist die **Mängelrüge (-anzeige)** der Firma Feinkost-Moser **inhaltlich aufgebaut?** Geben Sie etwa **sechs Gesichtspunkte** an.

c) **Welche zwei Gesichtspunkte** stehen im **Mittelpunkt** einer solchen Mängelrüge?

d) **Was** soll mit einer Mängelrüge **bezweckt** werden?

2. Auf die Einzelheiten der in der Ausgangssituation angeführten Mängelrüge werden wir in anderem Zusammenhang noch zurückkommen. Befassen Sie sich jetzt mit den **Ausführungen über die Warenprüfung (Sachdarstellung Phase 1)** und beantworten Sie danach die folgenden **Auswertungsfragen.**

a) In welche **zwei Hauptabschnitte (-phasen)** kann die Warenprüfung eingeteilt werden?

b) **Welche Maßnahmen** umschließt die **äußere Kontrolle** der Warensendung?

c) **Was** soll durch die **Überprüfung der Empfängeranschrift** erreicht werden?

d) **Welche Bedeutung** hat die **Überprüfung der Versandverpackung?**

e) **Wie** wird sich der **Warenempfänger verhalten,** wenn bei der äußeren Kontrolle der Ware **Mängel festgestellt** werden?

f) **Was geschieht mit der Ware,** wenn die Material- oder Artikelkontrolle **keinerlei Beanstandungen** ergeben hat?

g) **Welche schriftlichen Unterlagen** können für die Material- oder Artikelkontrolle herangezogen werden?

h) **Wonach** richtet sich der **Umfang der Prüfung** des gelieferten Materials?

i) Nennen Sie **drei Beispiele** für die bei der Material- oder Artikelkontrolle angewendeten **Prüfverfahren.**

j) **Wie** werden die Ergebnisse der Material- oder Artikelkontrolle **festgehalten** und **wozu** dient diese **Unterlage?**

k) **Welche Aufgabe** und **welchen Inhalt** hat die **Wareneingangsmeldung?**

3. Bei der **Warenprüfung** können **unterschiedliche Arten von Mängeln** zum Vorschein kommen. Studieren Sie die **Übersicht über die Mängelarten** (Sachdarstellung Abschnitt 1, Phase 2) und beantworten Sie die folgenden **Auswertungsfragen.**

a) **In welche zwei Bereiche** werden die Mängelarten im BGB **eingeteilt** (Grobeinteilung)?

b) Wie werden **Sach- und Rechtsmängel** hinsichtlich der **Rechtsfolgen** behandelt?

c) **Welche Gegebenheiten** können einen **Sachmangel begründen?** (Feineinteilung, sechs Angaben)

d) Bearbeiten Sie die **Beispiele der *Arbeitsvorlage*** in der Weise, dass Sie die **jeweilige Art des Sachmangels bestimmen.**

e) **Welche Arten von Mängeln** wurden bei der Überprüfung der **Lieferung der Firma Kaiser & Söhne** im Einzelnen festgestellt? **Wie unterscheidet sich** der Mangel bei den Spinatnudeln vom Mangel in Bezug auf den Lachs?

4. In der **Phase 3 der Sachdarstellung** geht es um die **Anzeige der festgestellten Mängel** und die dabei **einzuhaltenden Prüfungs- und Rügefristen.**

a) Ist für die **Mängelrüge** eine **bestimmte Form vorgeschrieben?** Könnte sie **auch mündlich** (z. B. telefonisch) abgegeben werden? **Was** spricht für die **Schriftform?**

b) Von welchen **Gegebenheiten** ist es abhängig, **wie lange** festgestellte Mängel beim Lieferer **gerügt** werden können?

c) **Was** versteht man unter **versteckten Mängeln?**

d) **Wann** muss die Firma Feinkost-Moser die festgestellten **Mängel rügen?** (Begründung!)

e) **Was** heißt **„unverzüglich", was** heißt demgegenüber **„sofort"?**

f) **Entscheiden Sie,** ob die Firma Feinkost-Moser die vorgeschriebene **Rügefrist eingehalten** hat oder nicht.

g) **Welche negativen Rechtsfolgen** können sich für die Firma Feinkost-Moser ergeben, wenn die gesetzlich vorgeschriebene **Rügefrist nicht eingehalten** wird? Lesen Sie § 377 Abs. 2 HGB.

h) **Wie beurteilen Sie** die im HGB geregelten **Rechtsfolgen** bei Nichteinhaltung der Rügefrist **unter praktischen Gesichtspunkten?**

5. In der **Phase 4 der Sachdarstellung** werden die **einzelnen Gewährleistungsansprüche des Käufers** bei Schlechtleistung dargestellt.

a) **In welche zwei Gruppen** werden die Gewährleistungsansprüche im BGB **eingeteilt?**

b) **Wie unterscheiden sich** die beiden Gruppen von Gewährleistungsansprüchen hinsichtlich der **Voraussetzungen** für ihre Geltendmachung?

c) **Welche einzelnen Ansprüche** kann der Käufer geltend machen, wenn er **Nacherfüllung fordert?**

d) **Welche Rechte** hat der Käufer nach einer **unterbliebenen oder fehlgeschlagenen Nacherfüllung?**

e) **Welche Absicht** verfolgt der Gesetzgeber, wenn er dem Käufer **zunächst einmal das Recht auf Nacherfüllung zubilligt,** ehe er ihm die Geltendmachung weitergehender Rechte zugesteht?

6. Die **letzte Phase** bei der Abwicklung einer Schlechtleistung ist das Verhalten des Käufers bei Erhalt mangelhafter **Ware** (Phase 5 der Sachdarstellung).

a) In der Mängelrüge der Ausgangssituation stellt die Firma Feinkost-Moser dem Lieferer die mit Mängeln behafteten **Waren zur Verfügung.** Kann Moser diese **Waren ohne weiteres an den Verkäufer zurückschicken?**

b) **Unter welchen Voraussetzungen** könnte die Firma Feinkost-Moser die mit Mängeln behafteten Waren behalten und weiterverkaufen?

2.1.2 Analyse der Gewährleistungsansprüche des Käufers

Ausgangssituation

Ein Pausengespräch zwischen Schülern nach einer BWL-Stunde:

Alexandra: „Nach dem, was wir bisher im Unterricht besprochen haben, ist mir in Bezug auf die Käuferrechte bei mangelhafter Lieferung so manches noch nicht ganz klar. Beispielsweise hätte ich gerne gewusst, ob der Käufer eine Neulieferung auch dann verlangen kann, wenn das Kaufobjekt bloß einen klitzekleinen Fehler aufweist, z. B. ein kaum sichtbarer Kratzer auf der Unterseite einer Schreibtischplatte. Auch würde mich interessieren, wer bei einer Nachbesserung all die damit zusammenhängenden Kosten tragen muss.

Ulla: „Da wir gerade von Nachbesserung reden: Für mich ist Nachbesserung und Nacherfüllung ein und dasselbe; ich sehe da keinen Unterschied."

Kevin: „Dass Nacherfüllung mehr ist als bloße Nachbesserung ist mir schon klar. Was mir Probleme bereitet, ist, dass im BGB zwischen einem „Schadensersatz neben der Leistung" und einem „Schadensersatz statt der Leistung" unterschieden wird.

Methehan: „Den Unterschied kann ich dir erklären. Mich stört an den gesetzlichen Regelungen, dass der Käufer immer zuerst Nacherfüllung verlangen muss, ehe er z. B. Preisminderung oder Rücktritt vom Vertrag verlangen kann. Das ist doch Quatsch!"

Sachdarstellung

1. Nacherfüllung (Vorrangige Käuferrechte)

Sinn der Regelung

Alle Ansprüche des Käufers basieren auf einer **verschuldeten oder unverschuldeten Pflichtverletzung des Verkäufers,** nämlich auf einer mangelhaften Lieferung. Durch die Nacherfüllung soll zunächst einmal **der Zustand hergestellt** werden, der **ohne das Auftreten des Mangels,** also bei einer einwandfreien Leistung des Verkäufers bestehen würde. Durch die Möglichkeit der Nacherfüllung erhält der Verkäufer gewissermaßen eine zweite Chance zur Erfüllung seiner Vertragspflicht ordnungsgemäß zu liefern.

Ablaufbedingungen der Nacherfüllung

- Eine Nacherfüllung gilt als **fehlgeschlagen,** wenn **zwei Nachbesserungsversuche erfolglos** waren.
- Der **Verkäufer,** muss die im Zusammenhang mit der Nacherfüllung **anfallenden Kosten tragen,** so beispielsweise Transport-, Wege-, Arbeits- und Materialkosten (§ 439 Abs. 2 BGB).

Begrenzung des Käuferwahlrechts

Die **Nacherfüllung** kann **vom Verkäufer verweigert** werden, wenn sie mit **unverhältnismäßig hohen Kosten verbunden** ist oder wenn **besondere Umstände vorliegen** (§§ 439 Abs. 3, 440 BGB). So wird bei **geringwertigen Sachen** (z. B. Schrauben) die Nacherfüllung regelmäßig durch **Ersatzlieferung** erfolgen, weil in diesem Falle eine Nachbesserung mit verhältnismäßig hohen Kosten verbunden ist. Außerdem ist die Geltendmachung dieses Rechts auf Ersatzlieferung dann sinnvoll, wenn die mangelhafte Sache **nicht verwendbar** ist und deshalb durch eine gleichartige mangelfreie Sache ersetzt werden muss. Das ist nur bei vertretbaren Sachen (Gattungswaren) möglich. Andererseits kann der Verkäufer die vom Käufer verlangte **Ersatzlieferung verweigern,** wenn der Mangel durch **bloßes Auswechseln eines Teilstücks** der verkauften Sache behoben werden kann, z. B. wenn bei einem Staubsauger lediglich ein Teil des beschädigten Saugrohrs ausgewechselt werden muss.

Bei **Speziesgütern** (einmalige Sachen, Unikate wie z. B. ein Modellkleid, ein Originalgemälde, ein Kunstwerk) ist die **Nacherfüllung auf die Nachbesserung beschränkt,** da eine Ersatz- oder Neulieferung in diesem Falle nicht möglich ist (§ 275 Abs. 1 BGB).

Schadensersatz neben der Leistung

Er wird auch als sog. **„kleiner Schadensersatz“** bezeichnet. Der Verkäufer muss hierbei dem Käufer die **Kosten ersetzen, die dieser für die Feststellung und Beseitigung des Schadens** (z. B. Abschlepp-, Anwalts-, Reise-, Hotelkosten) sowie für den **Ausfallschaden** (z. B. Nutzungsausfall, Mietwagenkosten) aufwenden muss (§ 280 Abs. 1 BGB: Ersatz des Mangelfolgeschadens).

2. Rücktritt, Preisminderung, Schadensersatz (Nachrangige Käuferrechte)

Rücktritt vom Kaufvertrag (§§ 323 ff., 346 ff., 437 Ziff. 2, 440 BGB)

Durch den Rücktritt des Käufers wird ein bestehender Kaufvertrag aufgehoben. Die Aufhebung des Kaufvertrags erfolgt in der Weise, dass der **Käufer einseitig den Rücktritt erklärt:** Eine ausdrückliche Zustimmung des Verkäufers ist hierzu nicht erforderlich. Der Rücktritt verpflichtet die Vertragsparteien zur **Rückgabe der bereits empfangenen Leistungen.** Der Käufer muss die erhaltene Ware zurückschicken, der Verkäufer bereits geleistete Zahlungen des Käufers erstatten.

Ist die **Rückgewähr** der empfangenen Leistung **nicht möglich,** weil sie verbraucht, veräußert, verarbeitet, umgestaltet oder belastet wurde oder untergegangen ist, dann muss **Wertersatz** geleistet werden (§ 346 Abs. 2 BGB).

Preisminderung (§§ 437 Ziff. 2, 441 BGB)

In diesem Falle **behält der Käufer die mangelhafte Ware** und erhält vom Verkäufer einen Preisnachlass, z. B. 25 % Rabatt in Form einer **Gutschrift.** Die Preisminderung selbst wird in der Regel durch **Schätzung** ermittelt. Hat der Käufer den **Kaufpreis bereits bezahlt,** dann muss der Verkäufer ihm den **Mehrbetrag erstatten** (§ 441 Abs. 4 BGB). Die Geltendmachung des Minderungsrechts macht nur dann Sinn, wenn die **Kaufsache noch verwendbar** ist.

Das Recht auf Preisminderung wird durch Erklärung gegenüber dem Verkäufer ausgeübt, sobald die Nacherfüllung fehlgeschlagen ist oder verweigert wurde.

■ **Schadensersatz statt der Leistung (§§ 280 ff., 437 Ziff. 3, 440 BGB)**

Der Käufer **verzichtet auf die Leistung** und fordert den **Ersatz des entstandenen Schadens,** z. B. Umsatzeinbußen, Produktionsausfall. **Voraussetzung** für die Geltendmachung dieses Rechts ist, dass der Schuldner die **Pflichtverletzung zu vertreten** hat, dass ihm also aus seinem Verhalten ein **Vorwurf** gemacht werden kann, (§ 280 Abs. 1 S. 2 BGB); außerdem muss die **Pflichtverletzung erheblich** sein (§ 281 Abs. 1 S. 3 BGB). Ein **Verschulden des Verkäufers** wird beispielsweise dann vorliegen, wenn er den **Mangel fahrlässig oder arglistig verschwiegen** oder wenn er **falsche Angaben über Eigenschaften** (z. B. über die Laufleistung von Autoreifen, die gefahrene Kilometerzahl bei Kraftfahrzeugen) gemacht hat.

Der sog. **„große Schadensersatz"** betrifft den **gesamten Schaden,** den der Käufer durch die vom Verkäufer zu vertretende Nichterfüllung des Kaufvertrags erleidet. Er umfasst **Schäden an der Kaufsache selbst (Mangelschäden)** und Schäden, die an anderen Sachen oder an Personen eingetreten sind **(Mangelfolgeschäden).** Dazu gehören auch etwaige **Mehrkosten für den Erwerb einer gleichwertigen fehlerfreien Sache.** Insgesamt muss der Käufer so gestellt werden, wie wenn der Verkäufer den **Kaufvertrag ordnungsgemäß erfüllt** hätte (Ersatz des positiven Interesses).

Schadensersatz statt der Leistung kann der Käufer auch dann verlangen, wenn er **bereits vom Kaufvertrag zurückgetreten** ist (§ 325 BGB). Beide Rechte können alternativ oder gleichzeitig geltend gemacht werden.

– **Ersatz vergeblicher Aufwendungen (§ 284, 437 Ziff. 3)**

Dieses Recht kann der Käufer **anstelle des Schadensersatzes, statt der Leistung,** geltend machen, wenn er **Aufwendungen „im Vertrauen auf den Erhalt der Leistung gemacht** hat und billigerweise machen durfte". Der Käufer **tritt vom Kaufvertrag zurück** und macht den **Ersatz vergeblicher Aufwendungen** geltend, so beispielsweise die Druckkosten für einen Werbeprospekt, in dem die mangelhafte Sache angepriesen wird.

3. Übersicht: Voraussetzungen für die Geltendmachung der einzelnen Käuferrechte bei Schlechtleistung

Beispiel für die Deutung der Tabelle: Rücktritt vom Vertrag setzt den Ablauf einer angemessenen Nachfrist („ja") sowie das Vorliegen eines erheblichen Mangels („ja") voraus, jedoch kein Verschulden des Verkäufers („nein").

Voraussetzungen / Käuferrechte	Ablauf einer angemessenen Nachfrist	Verschulden des Verkäufers	Vorliegen eines erheblichen Mangels (kein Bagatellschaden)
Vorrangige Rechte (1) Nacherfüllung			
(a) Nachbesserung	nein	nein	nein
(b) Ersatzlieferung	nein	nein	ja
(2) Schadensersatz neben der Leistung	nein	ja	nein
Nachrangige Rechte			
(3) Rücktritt vom Vertrag	ja	nein	ja
(4) Preisminderung	ja	nein	nein
(5) Schadensersatz statt Leistung	ja	ja	ja
(6) Ersatz vergeblicher Aufwendungen	ja	ja	ja

■ Wie aus der obigen Tabelle zu ersehen ist, kann der Käufer die **nachrangigen Gewährleistungsansprüche** immer erst dann in Anspruch nehmen, wenn eine von ihm gesetzte **angemessene Frist zur Nacherfüllung erfolglos abgelaufen** ist. Die **Nacherfüllung** hat also **Vorrang** (Priorität) vor der **Geltendmachung weiterer Rechte** des Käufers.

- Eine **Nachfristsetzung** ist **ausnahmsweise** in folgenden Fällen **nicht erforderlich** (vgl. §§ 275, 323 Abs. 2, Ziff. 1 bis 4, 326 Abs. 5, 440 S. 1, BGB):
  - wenn der Verkäufer die **Nacherfüllung verweigert;**
  - wenn der Verkäufer bei einem **Termin- oder Fixkauf** nicht leistet;
  - wenn die Leistung für den Verkäufer **nicht zumutbar** ist;
  - wenn die Nacherfüllung **unmöglich** ist.
- Für die **Geltendmachung von Schadensersatzansprüchen** und dem **Ersatz vergeblicher Aufwendungen** ist stets **Verschulden des Verkäufers** die Voraussetzung; außerdem muss **tatsächlich ein Schaden** entstanden sein.
- **Ersatzlieferung** und **Rücktritt vom Vertrag** kann der Käufer immer nur verlangen, wenn ein **erheblicher Mangel,** also kein Bagatellschaden, vorliegt. Dasselbe gilt für Schadensersatz statt Leistung und Ersatz vergeblicher Aufwendungen.

Arbeitsaufträge und Fragen zur Stofferschließung

1. Bearbeiten Sie zunächst einmal mithilfe der Ausführungen in der Sachdarstellung die in der **Ausgangssituation** von den Schülern aufgeworfenen **Fragen.**

a) **Was** antworten Sie auf die erste Frage von Alexandra, ob ein Käufer auch **bei Bagatellschäden** eine **Ersatzlieferung verlangen** kann? **Welches Recht** würden Sie in diesem Falle als Käufer geltend machen?

b) **Welche Antwort** geben Sie auf die zweite Frage von Alexandra, wer bei einer **Nachbesserung** all die damit zusammenhängenden **Kosten tragen** muss?

c) Klären Sie Ulla darüber auf, was der Unterschied zwischen Nachbesserung und Nacherfüllung ist.

d) Beantworten Sie Kevins Frage nach dem **Unterschied zwischen „Schadensersatz neben der Leistung"** und **„Schadensersatz statt der Leistung"**.

e) **Warum** ist es – entgegen der Meinung von Methehan – kein „Quatsch", wenn der Gesetzgeber die **Nacherfüllung als vorrangig** geltend zu machendes Recht einstuft und die Geltendmachung von Ansprüchen wie Wandelung und Preisminderung erst nach einer unterbliebenen oder fehlgeschlagenen Nacherfüllung ermöglicht?

2. Versuchen Sie, sich die häufig sehr ins Einzelne gehende Materie der Gewährleistungsrechte des Käufers durch ein **genaues Studium der Sachdarstellung** mithilfe der folgenden **Leitfragen** zu erschließen.

a) **Welche Gegebenheiten** müssen vorliegen, damit eine **Nacherfüllung als fehlgeschlagen** eingestuft und nachrangige Ansprüche vom Käufer geltend gemacht werden können? (Zwei Angaben)

b) **In welchen Fällen** kann der Verkäufer eine Nacherfüllung verweigern? (Drei Angaben)

c) Nennen Sie **zwei praktische Beispiele** für Situationen, in denen typischerweise die **Nacherfüllung durch Ersatzlieferung** erfolgt.

d) Bei bestimmten Gütern (Kaufobjekten) ist die **Nacherfüllung auf die Nachbesserung beschränkt,** weil Ersatzlieferung nicht möglich ist. Welche Güter sind das?

e) **Welche drei Voraussetzungen** müssen erfüllt sein, damit ein Käufer **Schadensersatz statt Leistung** verlangen kann?

f) **Welche Schäden** muss ein Verkäufer ersetzen, wenn sein Kunde **Anspruch auf „großen Schadensersatz"** geltend macht?

g) **Erläutern Sie** möglichst anhand eines **konkreten Beispiels,** was das **Recht auf „Ersatz vergeblicher Aufwendungen"** beinhaltet.

h) **Werten Sie** die vorstehende **Tabelle** über die Geltendmachung der Käuferrechte bei Schlechtleistung **aus.**

ha) Was ist die **Voraussetzung** für die Geltendmachung **nachrangiger Gewährleistungsansprüche?**

hb) **Welche Käuferrechte** setzen ein **Verschulden des Lieferers** voraus?

hc) **Welche vor- und nachrangigen Käuferrechte** können **auch beim Vorliegen eines Bagatellschadens** geltend gemacht werden?

i) Nennen Sie **drei Gegebenheiten,** bei denen der Käufer **keine Nachfrist setzen** muss, um **nachrangige Gewährleistungsansprüche** geltend machen zu können. (Mindestens drei Angaben)

2.2 Wie ist die Rechtslage bei Werk- und Werklieferungsverträgen?

Ausgangssituation

Beispiele:

(1) A lässt sich aus einem beim Schneider S erworbenen Stoff einen Maßanzug anfertigen, der nicht richtig sitzt.

(2) R lässt in einer Werkstatt seinen Rasenmäher reparieren; das Gerät funktioniert beim ersten Ausprobieren trotzdem nicht.

(3) K lässt Anfang Dezember im Autohaus Heil großen Kundendienst durchführen und das Auto winterfest machen. Bei der Fahrt in den Skiurlaub gerät er während eines heftigen Schneegestöbers in größte Schwierigkeiten, weil die Scheibenwaschanlage nicht mit Frostschutz aufgefüllt wurde.

(4) P lässt sich von dem Taxiunternehmer T von seinem Heimatort an den 42 km entfernten Flughafen fahren. Unterwegs bleibt das Taxi liegen, weil T vergessen hat, das Motoröl nachzufüllen.

Sachdarstellung

1. Begriffsabgrenzung zwischen Werk- und Werklieferungsvertrag

Der **Werklieferungsvertrag** stellt eine **Kombination aus einem Kauf- und einem Werkvertrag** dar. Ein solcher Vertrag hat „die Lieferung herzustellender oder zu erzeugender beweglicher Sachen zum Gegenstand". Beispiel: Ein Schneider stellt aus einem zuvor bei ihm gekauften Stoff einen Anzug her; hierbei wird „geliefert" (Kauf) und „gewerkt" (Werkvertrag). Wie aus § 651 S. 1 BGB hervorgeht, finden für einen derartigen Vertrag die **Vorschriften über den Kauf Anwendung.**

Fertigt hingegen der Schneider den Anzug aus einem Stoff an, den der Kunde (Besteller) **nicht bei ihm, sondern in einem Tuchgeschäft erworben** hat, dann liegt ein **Werkvertrag** vor. Das Wesen dieses Vertragstyps wird in § 631 BGB beschrieben. Das wichtigste Kennzeichen ist seine **Ausrichtung am Erfolg.** Im konkreten Fall bedeutet das, dass der **Anzug genau passen muss;** andernfalls liegt eine Schlechtlieferung vor.

Der Schneider wird im Werkvertragsrecht als **„Unternehmer",** sein Kunde als **„Besteller"** bezeichnet.

§ 640 Abs. 1 BGB bestimmt, dass der **Besteller verpflichtet** ist, das vertragsgemäß hergestellte Werk **abzunehmen,** es sei denn, die Beschaffenheit des Werks schließt das aus. Mit der Abnahme des Werks wird auch die **Vergütung** fällig.

Nach § 644 Abs. 1 BGB trägt der Unternehmer die **Gefahr** bis zur Abnahme des Werks; das gilt jedoch nicht für den zufälligen Untergang und eine zufällige Verschlechterung des vom Besteller gelieferten Stoffs. Gerät jedoch der Besteller in Annahmeverzug, so geht die Gefahr auf ihn über.

2. Die Rechte des Bestellers bei Schlechtleistung

Das neue **Werkvertragsrecht** ist in Bezug auf die Schlechtleistung **inhaltlich weitgehend identisch zum Kaufvertragsrecht gestaltet** worden. Das gilt sowohl für die im § 633 BGB definierten **Sach- und Rechtsmängel** als auch für die **dem Besteller bei Mängeln zustehenden Rechte** (§ 634 BGB); diese Bestimmungen entsprechen den §§ 434 und 437 BGB im Kaufvertragsrecht. Der Besteller kann die **Abnahme des Werks ablehnen,** wenn es **mangelhaft** ist, z. B. wenn die Ärmel des neuen Anzugs zu kurz sind (§ 640 BGB).

Wie beim Kaufvertrag, so hat auch beim Werkvertrag der **Anspruch auf Nacherfüllung** (§ 635 BGB) **Priorität. Alle nachrangigen Ansprüche** können in Übereinstimmung mit dem Kaufvertragsrecht **erst nach Ablauf einer angemessenen Nachfrist** geltend gemacht werden. Im Unterschied zum Kaufvertrag liegt jedoch das **Wahlrecht** zwischen beiden Formen der Nacherfüllung (Nachbesserung oder Neulieferung) **nicht beim Besteller (Käufer), sondern beim Unternehmer** (Verkäufer) (§ 635 Abs. 1 BGB). Der Grund für diesen Positionswechsel liegt in der geringeren Bedeutung des Verbraucherschutzes im Werksvertragsrecht sowie in der Erkenntnis, dass der Hersteller eines Werks am besten weiß, ob sich eine Mängelbeseitigung lohnt oder ob eine Neuherstellung zweckmäßig ist.

Wie beim Kaufvertrag trägt der **Unternehmer** die bei der Nacherfüllung entstehenden **Kosten;** er kann analog zum Kaufvertrag die **Nacherfüllung verweigern,** wenn sie nur mit **unverhältnismäßig hohen Kosten** möglich ist (§ 635 Abs. 2 und 3 BGB).

Verweigert der Unternehmer die Nacherfüllung, ist sie **fehlgeschlagen** oder dem Besteller **nicht zumutbar,** dann kann dieser **ohne Nachfrist** Rücktritt vom Vertrag oder Schadensersatz statt Leistung fordern (§ 636 BGB). Statt zurückzutreten, kann der Besteller die Vergütung durch Erklärung gegenüber dem Unternehmer **mindern** (§ 638 Abs. 1 S. 1 BGB).

Die Gewährleistungsansprüche des Bestellers aus einem Werkvertrag **verjähren** in der Regel nach **zwei Jahren,** bei Bauwerken jedoch erst nach fünf Jahren (§ 634a Abs. 1 und 2 BGB).

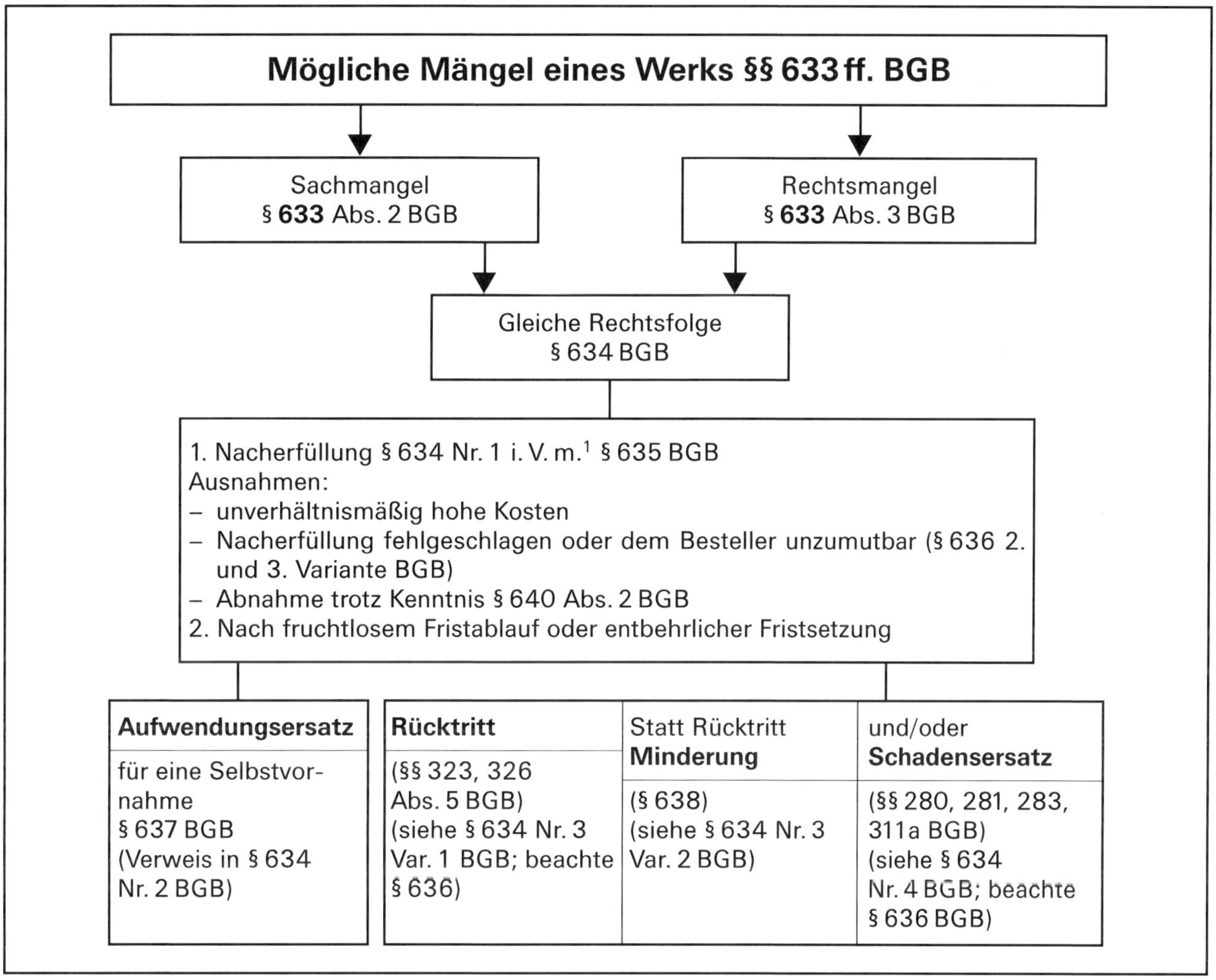

Arbeitsaufträge und Fragen zur Stofferschließung

1. Stellen Sie bei den in der **Ausgangssituation** angeführten Beispielen (Nr. 1 bis 4) fest, ob es sich um einen **Werk- oder Werklieferungsvertrag** handelt.
2. Welches **Hauptkennzeichen** gilt für den **Werkvertrag?**
3. **Wie** ist die **Gefahrtragung** beim Werkvertrag geregelt?
4. **Welche Vorschriften** finden in Bezug auf die **Gewährleistungsansprüche des Bestellers** beim Werkvertrag und welche beim Werklieferungsvertrag **Anwendung?**
5. **Welche Pflicht** hat der Besteller in Bezug auf das vertragsgemäß hergestellte Werk?
6. **Welche Gewährleistungsrechte** kann der Besteller **vorrangig** geltend machen?
7. **Welche Gewährleistungsrechte** kann der Besteller erst **nach Ablauf einer angemessenen Nachfrist** geltend machen?
8. **In welcher Zeit verjähren** die Gewährleistungsansprüche des Bestellers?

1 d.h. in Verbindung mit

2.3 Besonderheiten des Verbrauchsgüterkaufs § 474 ff. BGB

Ausgangssituation

Beispielsammlung

(1) Der Polizeibeamte P schließt im Möbelhaus M einen Kaufvertrag über eine neue Kücheneinrichtung ab.

(2) Der Unternehmer U kauft seiner Frau in einem Pariser Schmuckwarengeschäft ein handgefertigtes Kollier für 14.000,00 Euro.

(3) Der Vorstandsvorsitzende eines großen Chemiewerks erwirbt für seine Frau einen Sportwagen für 46.000,00 Euro.

(4) Der Manager M kauft für seine Freundin Vanessa einen Strauß roter Rosen für 34,00 Euro.

(5) Der Landgerichtspräsident L kauft sich ein neues Rennrad für 1.800,00 Euro.

(6) Der Oberbürgermeister einer Stadt in Bayern erwirbt einen Hometrainer für 950,00 Euro.

Sachdarstellung

Wesensmerkmale des Verbrauchsgüterkaufs

- **Begriffliches** (Legaldefinition)

  § 474 BGB: Es handelt sich hierbei um Kaufverträge zwischen Verbrauchern (Nichtunternehmern, Privatpersonen, § 13 BGB) und Unternehmern (Selbstständige, § 14 BGB). Gegenstand des Verbrauchsgüterkaufs sind nur bewegliche Sachen, keine Immobilien. Insofern unterscheidet sich diese Art des Kaufs von den im § 345 geregelten einseitigen Handelsgeschäften.

- **Primärer Zweck der Unterscheidung**

  Es geht hierbei um die Wahrung von Verbraucherinteressen.

- **Instrumente**

  Im Wesentlichen werden durch die Vorschriften über den Verbrauchsgüterkauf sechs Besonderheiten dieser Kaufart geregelt:

  (1) **§ 474 Abs. 2 in Verbindung mit § 447 Abs. 1 BGB:** Gefahrübergangsregelung zugunsten des Verbrauchers

  (2) **§ 475 BGB:** Einschränkung der Vertragsfreiheit

  (3) **§ 476 BGB:** Beweislastumkehr

  (4) **§ 477 BGB:** Sonderbestimmungen für Garantien

  (5) **§ 478 BGB:** Rückgriffsmöglichkeit des Verkäufers auf seinen Lieferanten

  (6) **§ 479 BGB:** besondere Verjährungsfristen für Rückgriffsansprüche

Arbeitsvorlage: Die einzelnen Sonderregelungen

(1) Verbraucherfreundliche Gefahrübergangsregelung

Die Geltendmachung von Gewährleistungsansprüchen durch den Käufer setzt voraus, dass der Mangel schon beim (wann?) (1) ______________ vorhanden war (§ 434 Abs. 1 S. 1 BGB). Um die Stellung des Verbrauchers zu stärken, bestimmt § 474 Abs. 2 BGB, dass die Vorschrift des § 447 BGB über den Versendungskauf nicht für den Verbrauchsgüterkauf gilt. Anders als im § 447 BGB geregelt, geht bei einem Verbrauchsgüterkauf die Gefahr, also die Haftung für zufällige Verschlechterung oder zufälligen Untergang der Ware, nicht schon dann auf den Käufer über, wenn der Verkäufer „die Sache dem Spediteur, dem Frachtführer oder der sonst zur Ausführung der Versendung bestimmten Person oder Anstalt ausgeliefert hat", sondern erst mit tatsächlichem (2) __________ der Sache.

(2) Verbot abweichender Vereinbarungen zum Nachteil des Verbrauchers

§ 475 Abs. 1 S. 1 BGB bestimmt, dass die Ansprüche und Rechte des Käufers, insbesondere seine Gewährleistungsansprüche, nicht durch Individualabreden oder Allgemeine Geschäftsbedingungen (3) ______________ werden dürfen. So darf beispielsweise die gesetzlich vorgeschriebene zweijährige Gewährleistungsfrist beim Kauf neuer Sachen überhaupt nicht abgekürzt werden; lediglich beim Kauf gebrauchter Sachen darf sie auf höchstens (4) _______ verkürzt werden (§ 475 Abs. 2 BGB).

Vertragsklauseln wie z. B. „Gekauft wie gesehen" oder „Gewährleistungsansprüche können nicht geltend gemacht werden" sind (5) ____________. Werden trotz des Verbots Vereinbarungen zuungunsten des Verbrauchers getroffen, so kann sich der Unternehmer nicht darauf berufen. Sie sind (6) ____________, also rechtsungültig; dennoch bleibt der abgeschlossene Vertrag als solcher gültig.

(3) Beweislastumkehr

Grundsätzlich muss (wer?) der (7) _________ beweisen, dass der Mangel bereits bei Gefahrübergang vorhanden war. Diese Regelung lässt jedoch die schlechteren Beweismöglichkeiten des Verbrauchers und die wesentlich besseren Erkenntnismöglichkeiten des Unternehmers außer Betracht. Deshalb wurde beim Verbrauchsgüterkauf ein anderer Weg eingeschlagen. Soweit der Mangel nicht offensichtlich später aufgetreten ist, wird vom Gesetzgeber in den ersten (wie viel?) (8) ________ Monaten der zweijährigen Verjährungsfrist die Vermutung aufgestellt, dass der Mangel bereits (wann?) bei (9) ______________ vorhanden war. Der Verkäufer kann dann dem Käufer das Gegenteil beweisen, z. B. dass der Mangel durch unsachgemäße Behandlung vonseiten des Verbrauchers entstanden ist. Erst nach Ablauf der Sechsmonatsfrist ist (wer?) der (10) ____________ beweispflichtig.

Die gesetzliche Vermutung findet keine Anwendung, wenn sie mit der Art der Sache nicht vereinbar ist, so z. B. bei verderblichen Waren. Außerdem fallen gebrauchte Waren nicht unter diese Vorschrift.

Beweislastumkehr beim Verbrauchsgüterkauf (§ 474 BGB)

Zeitpunkt des Gefahrübergangs	Ablauf der Sechsmonatsfrist	Ablauf der Zweijahresfrist für Gewährleistung
Der **Verkäufer** trägt die Beweislast	Der **Käufer** trägt die Beweislast für das Vorhandensein eines Mangels zum Zeitpunkt des Gefahrübergangs (Übergabe der Ware).	

(4) Transparenzgebot für Garantieerklärungen

§ 477 Abs. 1 BGB bestimmt, dass Garantieerklärungen (wie?) (11) ________ und (12) ____________ abgefasst sein müssen. Außerdem haben sie einen Hinweis auf die gesetzlichen Rechte des Verbrauchers (Gewährleistungsansprüche) sowie darauf zu enthalten, dass sie nicht durch die Garantie (13) ____________ werden. Inhaltlich muss die Garantieerklärung alle wesentlichen Angaben enthalten, die für die Geltendmachung der Garantie erforderlich sind, so u. a. die Anschrift des Garantiegebers, die Art der Garantieleistungen, ihre Dauer und den räumlichen Geltungsbereich. Nach § 477 Abs. 2 kann der Verbraucher verlangen, dass ihm die Garantieerklärung in (14) ________form mitgeteilt wird.

Werden die formalen Erfordernisse nicht beachtet, ist die Garantieverpflichtung gleichwohl (15) ____________ (§ 477 Abs. 3). Weil aber der Garantiegeber gegen das Transparenzgebot verstoßen hat, kann er von Verbraucherschutzverbänden und der Industrie- und Handelskammer auf Unterlassung (16) ________ werden.

(5) Rückgriffsmöglichkeit des Verkäufers auf seinen Lieferanten

Weil der Verkäufer beim Verbrauchsgüterkauf einer besonders strengen Garantiehaftung unterliegt, hat der Gesetzgeber dafür einen Ausgleich zu schaffen versucht. Er besteht darin, dass dem Verkäufer einer neuen Sache die Möglichkeit eingeräumt wird, auf seinen Lieferanten bzw. auf den Hersteller (was?) (17) ________ zu nehmen. Es werden also nicht nur dem Verbraucher gegenüber dem Verkäufer (18) ____________ansprüche eingeräumt, sondern auch dem Verkäufer gegenüber seinem eigenen Lieferanten oder dem Hersteller.

GEBRAUCHTWAGEN

Garantie wird oft umgangen

Das seit 1. Januar 2002 gültige Gewährleistungsrecht wird immer mehr zum Zankapfel zwischen Kunden und Autohändlern.
Immer öfter nämlich nutzen Autohändler laut Fachzeitschrift ams beim Gebrauchtwagenkauf die rechtlichen Unklarheiten zum Nachteil der Kunden aus, indem sie ihre Verkäufe über private Vermittler abwickeln. Vorteil: Der Händler schafft sich so das Risiko der Gewährleistung vom Hals, da Privatpersonen von einer Haftung ausgeschlossen sind. Aber auch grundsätzliche Fragen scheint das neue Gesetz nur unzureichend zu beantworten. Etwa, was „Verschleiß" und was ein „Mangel" ist. Sicher scheint hingegen, so das Magazin, dass wegen der vielen Grauzonen im Gewährleistungsrecht künftig immer öfter Gerichte als Streitschlichter angerufen werden. mid

aus: Südwestpresse (NWZ) vom 22.06.02

Musste der Verkäufer eine neue Sache wegen eines Mangels zurücknehmen oder hat der Verbraucher den Kaufpreis gemindert, dann muss der Verkäufer von seinem Lieferanten nicht zuerst einmal Nacherfüllung verlangen, ehe er weitergehende Ansprüche stellt. Es ist auch nicht erforderlich, ihm auch eine (was?) (19) ________ zur Mängelbehebung (Nachbesserung) zu setzen. Stattdessen kann er gleich seine Ansprüche auf (20) __________, (21) _________ oder (22) ___________________ geltend machen (§ 478 Abs. 1).

Nach § 478 Abs. 2 hat der Verkäufer gegen seinen eigenen Lieferanten oder den Hersteller einen Anspruch auf Ersatz seiner (23) ______________, die er wegen der Erfüllung der Gewährleistungsansprüche gegenüber dem Verbraucher zu tragen hatte. Die Kosten, die durch die Gewährleistung des Verkäufers gegenüber dem Verbraucher entstanden sind, können in der gesamten Lieferkette bis zum (24) ___________ der Sache weitergegeben werden; Voraussetzung ist lediglich, dass der jeweilige Verkäufer ein Unternehmer ist.

(6) Besondere Verjährungsfristen für Rückgriffsansprüche

§ 479 Abs. 1 bestimmt, dass die Aufwendungsersatzansprüche des Verkäufers gegen seinen eigenen Lieferer innerhalb von (25) __________ ab Ablieferung (Übergabe) der Sache an ihn verjähren. Hat jedoch in der Liefererkette vom Hersteller bis zum Verbraucher ein Verkäufer gegenüber seinem jeweiligen Kunden Gewährleistungsansprüche erfüllt, dann verjähren seine eigenen Rückgriffsansprüche frühestens (wann?) (26) __________ nach diesem Zeitpunkt (§ 479 Abs. 2 S. 1 und Absatz 3 BGB). Wie aus § 479 Abs. 2 Satz 2 hervorgeht, endet diese Ablaufhemmung spätestens (27) __________ nach dem Zeitpunkt, in dem der Lieferant die Sache dem jeweiligen Verkäufer abgeliefert hat.

Arbeitsaufträge und Fragen zur Stofferschließung

1. **Welche inhaltliche Gemeinsamkeit** weisen die in der **Ausgangssituation** angeführten **sechs Beispiele** auf? Lösungshinweis: Untersuchen Sie die **Rechtsstellung der einzelnen Vertragspartner.**
2. **Welchen Hauptzweck** verfolgen die neu ins Bürgerliche Gesetzbuch eingefügten Paragrafen über den Verbrauchsgüterkauf?
3. **Welche rechtlichen „Besonderheiten"** gelten für den Verbrauchsgüterkauf?
4. Lesen Sie die in der **Arbeitsvorlage** angegebenen **Gesetzesvorschriften** aufmerksam durch und **ergänzen Sie die Textlücken (1) bis (27).**

2.4 Aufgaben zur Lernzielkontrolle und Sicherung des Lernerfolgs

Aufgaben mit Auswahlantworten. Stets 1 aus 5, ausgenommen Aufgabe 6. Notieren Sie die Lösung auf einem Arbeitsblatt, z. B. [1] (a), [2] (b) usw.

[1] Welche der folgenden Aussagen zur Nacherfüllung bei mangelhafter Lieferung (Schlechtleistung) ist **unzutreffend?**

(a) Nacherfüllung kann auch bei geringfügigen Mängeln (sog. Bagatellschäden) verlangt werden.

(b) Der Verkäufer kann die Nacherfüllung verweigern, wenn sie mit unverhältnismäßig hohen Kosten verbunden ist.

(c) Nach zwei erfolglosen Nachbesserungsversuchen gilt eine Nacherfüllung als fehlgeschlagen.

(d) Der Verkäufer ist verpflichtet die im Zusammenhang mit der Nacherfüllung entstehenden Kosten zu tragen.

(e) Der Verkäufer ist nur dann zur Nacherfüllung verpflichtet, wenn ihn ein Verschulden trifft.

[2] Bestimmen Sie unter den folgenden fünf Aussagen die **Falschaussage.**

(a) Die Rechte eines Käufers wegen eines Mangels sind ausgeschlossen, wenn er bei Vertragsschluss den Mangel kannte.

(b) Der Käufer hat ein uneingeschränktes (beliebiges) Wahlrecht zwischen Neulieferung und Nachbesserung.

(c) Anders als bei Gattungswaren ist bei Speziesgütern die Nacherfüllung auf die Nachbesserung beschränkt.

(d) Bei der Nachbesserung wird der vorhandene Mangel beseitigt, beispielsweise durch Reparatur.

(e) Durch die Nacherfüllung wird dem Verkäufer die Möglichkeit geboten, die begangene Pflichtverletzung (mangelhafte Lieferung) auszugleichen.

[3] Eine der folgenden Aussagen ist in Bezug auf die nachrangig geltend zu machenden Rechte des Käufers bei Schlechtlieferung **sachlich unrichtig**. Welche?

(a) Grundsätzlich kann der Käufer alle nachrangigen Gewährleistungsrechte erst dann in Anspruch nehmen, wenn eine von ihm gesetzte angemessene Frist zur Nacherfüllung erfolglos abgelaufen ist.

(b) Schadensersatz statt der Leistung kann der Käufer nur dann verlangen, wenn der Verkäufer die Pflichtverletzung zu vertreten hat, wenn also ein Verschulden vorliegt.

(c) Der Käufer kann wahlweise Rücktritt, Minderung, Schadensersatz und Ersatz vergeblicher Aufwendungen auch dann fordern, wenn lediglich ein geringfügiger Mangel vorliegt.

(d) Fordert der Käufer Schadensersatz statt Leistung, dann verzichtet er auf die Lieferung der Ware und verlangt stattdessen einen Ausgleich des erlittenen Schadens in Geld.

(e) Der Anspruch auf Schadensersatz umfasst nicht nur Schäden an der Kaufsache selbst (sog. Mängelschäden), sondern auch solche an anderen Sachen oder an Personen (sog. Mängelfolgeschäden).

[4] Welche der folgenden Aussagen zur Schlechtlieferung ist **falsch?**

(a) Der Käufer kann dem Verkäufer alle zum Zwecke der Nacherfüllung erforderlichen Aufwendungen in Rechnung stellen, so auch den Zeitaufwand.

(b) Macht der Käufer vom Recht der Preisminderung Gebrauch, dann bleibt der Kaufvertrag bestehen.

(c) Der Verkäufer hat ein Widerspruchsrecht, wenn bei der Nachbesserung unverhältnismäßig hohe Kosten anfallen.

(d) Die Nacherfüllung hat Vorrang vor der Geltendmachung von weiteren Rechten wie z. B. Rücktritt und Minderung.

(e) Durch eine mangelhafte Lieferung begeht der Verkäufer eine Pflichtverletzung, die unverschuldet oder verschuldet sein kann.

[5] Bestimmen Sie die **Falschaussage.**

(a) Ein Sachmangel liegt vor, wenn zum Zeitpunkt des Gefahrübergangs die tatsächliche Beschaffenheit der Kaufsache von der vereinbarten Beschaffenheit abweicht.

(b) Aussagen aus der Werbung für ein Produkt sind im Zusammenhang mit der Schlechtleistung ohne rechtliche Bedeutung, da sie nicht Vertragsbestandteil geworden sind.

(c) Anders als beim Rücktritt ist die Minderung auch bei unerheblichen Mängeln möglich.

(d) Eine fehlerhafte Montageanleitung führt genauso zu einem Sachmangel wie wenn der Verkäufer oder sein Erfüllungsgehilfe eine Sache falsch anschließt.

(e) Ein Sachmangel ist gegeben, wenn eine Kaufsache andere Eigenschaften aufweist, als auf der Verpackung angegeben werden.

[6] Die folgenden Aussagen zum Verbrauchsgüterkauf enthalten **vier Falschaussagen.** Bestimmen Sie diese.

a) Die Gefahr- bzw. Risikoverlagerung auf den Käufer ist nicht zulässig.

b) Für die Gefahrübertragung beim Versendungskauf ist die tatsächliche Übergabe entscheidend.

c) Die Beweislast dafür, dass ein Mangel bereits zum Zeitpunkt des Gefahrübergangs bestanden hat, trägt immer der Verkäufer.

d) Eine Garantieerklärung darf nicht in einem ausgesprochenen „Fachchinesisch" abgefasst sein.

e) Die Garantiezeit ist in der Regel länger als die gesetzlich vorgeschriebene Gewährleistungsfrist.

f) Die Möglichkeiten, die Verjährungsfristen für Gewährleistungsansprüche durch Rechtsgeschäft zu verkürzen, sind im BGB stark eingeschränkt.

g) Bei gebrauchten Sachen muss die Verjährungsfrist für Sachmängel mindestens sechs Monate betragen.

h) Es besteht eine gesetzliche Vermutung, dass ein Mangel, der im Laufe der ersten sechs Monate seit Gefahrübergang auftritt, bereits bei Gefahrübergang vorhanden war.

i) Der Verkäufer kann mit dem Verbraucher im Voraus einen Haftungsausschluss für Sachmängel vereinbaren.

j) Die Vorschriften über den Verbrauchsgüterkauf gelten nicht für Verträge zwischen Unternehmern, zwischen Verbrauchern und Verträgen bei öffentlichen Versteigerungen.

k) Die Sonderregelung des Gefahrübergangs beim Versendungskauf (§§ 447, 474) gilt nicht für den Verbrauchsgüterkauf.

l) Die zweijährige Verjährungsfrist für Sachmängel bei neuen Sachen kann im Voraus verkürzt werden.

m) Zeigt sich ein Mangel innerhalb von sechs Monaten seit Gefahrübergang, wird vermutet, dass die Sache bereits bei Gefahrübergang mangelhaft war.

2.5 Briefaufgaben zur Mängelrüge

Aufgabe 1:

Abfassung einer Mängelrüge
Das Warenhaus „Universal“, 70173 Stuttgart, Königstraße 12, in dem Sie in der Abteilung Einkauf als kaufmännisch Auszubildende(r) beschäftigt sind, hat gestern eine Sendung der Glashütte Regenia, 94209 Regen, Industriestraße 20, erhalten.

Heute finden Sie auf Ihrem Schreibtisch dazu folgende Unterlagen:

1. Wareneingangsmeldung mit dem Vermerk: Verpackung unbeschädigt, Zahl der Pakete stimmt mit Angaben auf dem Lieferschein überein.
2. Kopie der Bestellung vom 1. Februar d. J. über 20 Trinkglasgarnituren „Arber“ zu je 36 Glas und 10 Glasserien „Weißenstein“ zu je 90 Teilen, jeweils I. Wahl, im Wert von 1.800,00 € (laut Angebot).

   Zahlungsbedingungen: 10 % Mengenrabatt; Ziel 30 Tage, bei Barzahlung innerhalb von 8 Tagen 3 % Skonto.
3. Rechnung der Glashütte Regenia Nr. 7462 vom 18. Februar d. J. über 1.879,20 €; Ziel: 30 Tage, bei Barzahlung innerhalb von 8 Tagen 3 % Skonto.
4. Prüfmeldung Ihrer Abteilung Hausrat: Betrifft Lieferung der Firma Regenia, Regen
   - Alle Weißweingläser (180) zeigen Gispen (kleine Blasen).
   - Die Biergläser sind leicht streifig (Schlieren). Wahrscheinlich Schmelzfehler.
   - 10 Sektgläser haben Risse. Wahrscheinliche Ursache: zu schnelle Abkühlung.
   - Das Glas der gesamten Sendung ist fleckig. Wahrscheinlich Einfluss von Feuerungsgasen.

   Die Ware kann nur als II. Wahl mit 30 % oder als Sonderangebot mit 50 % Nachlass verkauft werden.

Aufgabe: Schildern Sie unter dem Datum des 22. Februar der Lieferfirma die festgestellten Mängel.

Weisen Sie darauf hin, dass Glas I. Wahl bestellt wurde, während das gelieferte Glas typische Material- und Fertigungsfehler aufweist. Erklären Sie aufgrund der Ansicht der Verkaufsabteilung, dass Ihre Firma ausnahmeweise bereit ist die Sendung als II. Wahl abzunehmen, wenn die Glashütte mindestens 40 % Sonderrabatt auf den Rechnungsbetrag gewährt. Im Weigerungsfalle wird die Ware zur Verfügung gestellt.

Aufgabe 2:

Antwortschreiben auf eine Mängelrüge
Unsere Firma: Friedrich Krause GmbH, Strickmoden, Heinrichstraße 51, Postfach 7801, 74076 Heilbronn.

Das Wollhaus Stricker & Co., Bachstraße 96, 97941 Tauberbischofsheim, beanstandete am 15. März d. J. die Farbechtheit der von uns am 19. Februar d. J. gelieferten Strickwolle, Qualität „Lamelia“, Farbe 328.

Ein Herrenpullover, der von einer Kundin aus diesem Material angefertigt wurde, wird zur Ansicht mitgeliefert. Die zahlreichen hellen Flecken im Gestrick seien nach einmaligem vorsichtigem Waschen in handwarmer Lauge entstanden. Die Kundin treffe keine Schuld, denn sie sei im Umgang mit Wollsachen erfahren.

Das Wollhaus will die gelieferte Wolle zurückgeben und verlangt Umtausch in einwandfreie Ware. Außerdem bittet es um eine Gutschrift von 50,00 Euro, damit der Kundin dafür kostenlos Ersatzwolle nach freier Wahl angeboten werden könne.

Aufgabe: Schreiben Sie an das Wollhaus und teilen Sie mit, dass die chemische Untersuchung Folgendes ergeben hat: 1. Es wurde ein falsches Waschmittel benutzt. 2. Das Waschmittel wurde nicht ganz aufgelöst. Die Waschmittel für die große Haushaltswäsche enthalten Weißmacher; nicht aufgelöste Körnchen verursachen Bleichstellen im Gestrick. Für Wolle sind nur Spezialwaschmittel geeignet. Eine Waschvorschrift legen wir bei; den Pullover senden wir zurück. Die Ansprüche lehnen wir ab.

Briefdatum: 6. Mai 20..

2.6 Zusammenfassung wichtiger Lerninhalte

- Bei Kaufverträgen lassen sich **drei Gruppen von Leistungsstörungen** unterscheiden (Leistungsstörungen im weiteren Sinne):
  (1) Störungen beim Abschluss von Kaufverträgen,
  (2) solche bei deren Erfüllung und
  (3) Störungen, die vor oder nach dem Abschluss von Kaufverträgen
  auftreten können.
- **Die organisatorische Abwicklung einer Schlechtlieferung** kann in mehrere Phasen eingeteilt werden:
  (1) Eingangskontrolle der Ware
  (2) Mängelfeststellung
  (3) Mängelanzeige beim Lieferer
  (4) Rechtsansprüche des Käufers gegenüber dem Lieferer
  (5) Verfügen über die mit Mängeln behaftete Ware.
- Bei der **Wareneingangskontrolle** ist zwischen äußerer und Material- und Artikelkontrolle zu unterscheiden.
- Bei den **Mängelarten** wird zwischen Sach- und Rechtsmängeln unterschieden. Ein Sachmangel liegt vor, wenn die Kaufsache zum Zeitpunkt des Gefahrübergangs nicht die vereinbarte Beschaffenheit aufweist. Im § 434 BGB werden insgesamt sechs Gegebenheiten aufgezählt, die einen Sachmangel begründen können, so fehlende Eignung für die nach dem Vertrag vorausgesetzte Verwendung, Fehlen der üblichen Beschaffenheit, unsachgemäße Montage und unklare Montageanleitung, Falsch- oder Zu-wenig-Lieferung, falsche Werbeversprechen.
- **Die Prüfungs- und Rügefristen** sind für Kaufleute und Nichtkaufleute unterschiedlich gestaltet; von Bedeutung ist auch die Art des vorliegenden Mangels (offener, versteckter oder arglistig verschwiegener Mangel).
- Bei den **Gewährleistungsansprüchen des Käufers** wird zwischen vorrangig und nachrangig geltend zu machenden Rechten unterschieden. Erstere können unmittelbar nach dem Eintreten des Lieferungsverzugs in Anspruch genommen werden, so das Recht auf Nacherfüllung mit den Komponenten Ersatzlieferung, Nachbesserung und Schadensersatz neben der Leistung. Zu den erst nach Ablauf einer angemessenen Nachfrist nachrangig geltend zu machenden Rechten zählen der Rücktritt vom Kaufvertrag, die Kaufpreisminderung, der Schadensersatz statt Leistung und der Ersatz vergeblicher Aufwendungen. Mängelansprüche verjähren grundsätzlich in zwei Jahren (§ 438 Abs. 1 Ziff. 3 BGB).
- **Das neue Werkvertragsrecht** ist in Bezug auf die Schlechtlieferung weitgehend identisch zum Kaufvertragsrecht gestaltet worden. Auch beim Werkvertrag hat der Anspruch auf Nacherfüllung Priorität.
- **Die Vorschriften über den Verbrauchsgüterkauf** bezwecken die Wahrung von Verbraucherinteressen. Sie beinhalten eine verbraucherfreundliche Gefahrübergangsregelung, ein Verbot abweichender Vereinbarung zum Nachteil des Verbrauchers, die Beweislastumkehr vom Käufer auf den Verkäufer in den ersten sechs Monaten, das Transparenzgebot für Garantieleistungen, die Rückgriffsmöglichkeiten des Verkäufers auf seine Lieferanten und die besonderen Verjährungsfristen für Rückgriffsansprüche.

3 Die Nicht-Rechtzeitig- oder Zu-spät-Lieferung (Lieferungsverzug)

3.1 Liegt eine Zu-spät-Lieferung durch die Zweirad Union GmbH vor?

Ausgangssituation

Auszug aus einem Telefax des Radcenters Grün & Braun KG in Braunschweig an die Zweirad Union GmbH in Eschwege:

Unser Auftrag Nr. 68475 vom 25. Februar – Lieferungsverzug

Sehr geehrte Damen und Herren,

in Ihrer Auftragsbestätigung vom 3. März d. J. sicherten Sie uns die Lieferung folgender Räder bis Anfang April verbindlich zu:

25 Sporträder nach besonderer Aufstellung,
Gesamtpreis 18.753,00 €;
50 Jugendräder nach besonderer Aufstellung,
Gesamtpreis 12.456,00 €

Leider haben wir die Räder bis heute nicht erhalten. Da wir zur Eröffnung der diesjährigen Fahrradsaison vom 28. bis 30. April eine VERKAUFSSCHAU veranstalten wollen, benötigen wir die bestellten Räder dringend. Wir setzen Ihnen daher für die Lieferung eine

Nachfrist bis 20. April. d. J.

Falls Sie bis zum angegebenen Zeitpunkt nicht liefern, werden wir vom Kaufvertrag zurücktreten und uns bei einem anderen Lieferanten eindecken. Für eventuell entstehende Kosten machen wir Sie haftbar.

Wir hoffen, dass Sie im Interesse einer weiteren guten Geschäftsbeziehung den oben genannten Lieferungstermin einhalten werden.

Mit freundlichen Grüßen ...

Auszug aus dem Antwortschreiben der Zweirad Union GmbH:

Ihr Auftrag vom 25. Februar d. J.

Wegen der Lieferungsverzögerung von 25 Sporträdern und 50 Jugendrädern nach besonderer Aufstellung bitten wir um Entschuldigung.

Leider ist unsere Lackieranlage wegen einer erforderlich gewordenen Großreparatur mehrere Tage lang ausgefallen. Inzwischen funktioniert sie wieder einwandfrei.

Wir versichern Ihnen, dass wir die Lieferung innerhalb der von Ihnen gesetzten Frist nachholen werden. Für die geplante Verkaufsausstellung stellen wir Ihnen umfangreiches Display- und Prospektmaterial zur Verfügung.

Mit freundlichen Grüßen ...

Anlage

Display- und Prospektmaterial

Befindet sich die Zweirad Union GmbH in „Lieferungsverzug"?

1. Begriffliche Einordnung

Die Nicht-Rechtzeitig- oder Zu-spät-Lieferung ist wie die noch zu behandelnde Nicht-Rechtzeitig- oder Zu-spät-Zahlung eine **besondere Form des Schuldnerverzuges.** In dem einen Fall schuldet der Verkäufer die Lieferung der Ware, in dem anderen Fall ist der Käufer Schuldner eines Geldbetrags. Der Gegenbegriff zum Schuldnerverzug ist der **Annahme- oder Gläubigerverzug.**

Störungen bei der Abwicklung des Kaufvertrags

Nicht-Rechtzeitig-Leistung (Verzug)

Schlechtleistung (Pflichtverletzung) mangelhafte Lieferung	Nicht-Rechtzeitig-Lieferung früher: Lieferverzug	Nicht-Rechtzeitig-Zahlung früher: Zahlungsverzug	Gläubigerverzug (unverändert) Annahmeverzug (Pflichtverletzung)

Schuldner der Leistung (Gläubiger der Zahlung)

Gläubiger der Leistung (Schuldner der Zahlung)

2. Übersicht

Voraussetzungen für das Vorliegen einer Nicht-Rechtzeitig-Lieferung

Die Lieferung muss **fällig** sein, d. h., der Liefertermin muss eingetreten oder überschritten sein.	Der Lieferer muss nach der Fälligkeit **gemahnt** worden sein. Ausnahmen hiervon: siehe unten!	Der Lieferer hat die Verzögerung **verschuldet,** d. h., er hat sie zu vertreten.	Es muss für den Lieferer möglich sein, die Leistung **nachzuholen.**
§ 271 BGB: Eine Lieferung kann erst zum **vereinbarten Zeitpunkt** verlangt werden. **Fehlt** es an einer entsprechenden **Vereinbarung,** dann ist die **Lieferung sofort fällig.**	**§ 286 Abs. 1 BGB:** Durch eine **Mahnung** des Gläubigers, die **nach** dem Eintritt der **Fälligkeit** erfolgt, gerät der Schuldner in **Verzug**. Von diesem **Grundsatz** gibt es die nachstehend angeführten **Ausnahmen**.	**§§ 276, 286 Abs. 4 BGB:** Der Lieferer **haftet** für **Vorsatz** und **grobe Fahrlässigkeit,** nicht aber für höhere Gewalt (z. B. Streik, Unwetter). Der Lieferer kommt **nicht** in Verzug, wenn er den Umstand der Verzögerung nicht zu vertreten hat.	**§ 275 Abs. 1 BGB:** Kann die Lieferung **nicht mehr nachgeholt** werden, weil beispielsweise das Kaufobjekt nicht mehr existiert, dann liegt **Unmöglichkeit der Leistung** vor.

Nach § 286 Abs. 2 BGB ist eine Mahnung nicht erforderlich . . .

wenn der Lieferzeitpunkt kalendermäßig bestimmt oder **bestimmbar ist,** z. B. „Lieferung am 10. Juli 20..“ – „Lieferung Mitte August“ – „Lieferung Ende September“ – „Lieferung bis zum 15. März 20..“.	**wenn der Lieferzeitpunkt an ein bestimmtes Ereignis geknüpft ist und sich von diesem aus kalendermäßig genau berechnen lässt,** z. B. „Lieferung innerhalb von 30 Tagen ab Bestelldatum“ – „Lieferung 14 Tage nach Auftragsbestätigung“.	**wenn der Lieferer sich selbst in Verzug setzt,** indem er erklärt, dass er nicht liefern kann oder erst zu einem späteren Zeitpunkt liefern will (ernsthafte und endgültige Leistungsverweigerung).	**wenn aus besonderen Gründen unter Abwägung der beiderseitigen Interessen der sofortige Eintritt des Verzugs gerechtfertigt ist,** so z. B. wenn Gefahr im Verzug ist (offenes Dach – fehlende Dachziegel).

3. Erläuterungen zu den einzelnen Voraussetzungen

- **Fälligkeit der Leistung:** Beim **Termin- und Fixkauf** ist der Lieferzeitpunkt kalendermäßig bestimmt oder bestimmbar. Dasselbe gilt für den Fall, dass einer **Lieferung ein bestimmtes Ereignis vorausgeht** (z. B. eine Anzahlung), von dem sich der Lieferzeitpunkt nach dem Kalender genau berechnen lässt (§ 286 Abs. 2 Ziff. 2 BGB). Das ist z. B. bei der Vertragsklausel „Lieferung vier Wochen nach Anzahlung" der Fall.
- **Verschulden** betrifft die **Haftung für Vorsatz und Fahrlässigkeit.** Nach § 276 Abs. 2 BGB handelt derjenige **fahrlässig,** der die im Verkehr erforderliche Sorgfalt außer Acht lässt. **Vorsatz** bedeutet Kenntnis der Umstände und Wollen des Erfolgs. § 276 Abs. 3 BGB bestimmt, dass dem Schuldner die **Haftung wegen Vorsatz nicht** im Voraus erlassen werden kann.

  Im Zusammenhang mit dem Lieferungsverzug ist der Tatbestand von Bedeutung, dass der Verkäufer als Warenschuldner aus dem Inhalt des Schuldverhältnisses heraus bei Gattungssachen (Massenware) regelmäßig das sog. **Beschaffungsrisiko** trägt. Das heißt, er muss zum vereinbarten Termin aus der Gattung heraus rechtzeitig liefern können, muss also lieferfähig sein (§ 276 Abs. 1 BGB).
- **Unmöglichkeit der Leistung:** Der Verkäufer wird von seiner **Leistungspflicht befreit,** wenn die Lieferung für ihn oder für jedermann **unmöglich** geworden ist (§ 275 Abs. 1 BGB). **Beispiel:** Kauf eines Originalgemäldes, das vor der Übergabe beim Transport zum Käufer vernichtet wird. Der Verkäufer muss den eingetretenen Schaden nur dann ersetzen, wenn er die eingetretene Unmöglichkeit verschuldet hat, z. B. bei grober Missachtung der Straßenverkehrsordnung (§§ 281 Abs. 1, 283 BGB).

Arbeitsaufträge und Fragen zur Stofferschließung

1. **Befassen Sie sich** zunächst einmal mit der **Ausgangssituation.**

a) **Welchen Zweck** verfolgt das **Telefax** des Radcenters Grün & Braun an die Zweirad Union GmbH?

b) Das vorgenannte Fax enthält mehrere **Daten.** Versuchen Sie die einzelnen Zeitangaben in eine **Reihenfolge** zu bringen. **Erläutern Sie** anhand der zeitlich geordneten Daten den **bisherigen Ablauf des Kaufgeschäfts. Wie** lassen sich die einzelnen Phasen **juristisch deuten?**

c) **Welchen Zweck** verfolgt die Zweirad Union mit der **Zurverfügungstellung von Display- und Prospektmaterial?**

d) **Um welche zwei Probleme** geht es im vorliegenden Fall? **Lösungshinweis:** Das eine Problem betrifft den Verkäufer, das andere den Käufer.

2. Ein Lieferer gerät nur dann in **Lieferungsverzug,** wenn **bestimmte Voraussetzungen** gegeben sind.

a) **Welche vier Voraussetzungen** müssen für das Vorliegen einer Nicht-Rechtzeitig-Lieferung **erfüllt** sein?

b) **Für welches Handeln** kann die Zweirad Union GmbH ganz allgemein **haftbar** gemacht werden?

c) **Welche Gegebenheiten** müssten vorliegen, damit die Zweirad Union GmbH **trotz Lieferfristüberschreitung NICHT in Lieferungsverzug** gerät? **Lösungshinweis:** Überprüfen Sie die **Verschuldensfrage.**

d) **In welchen Fällen** gerät ein Lieferer auch **ohne Mahnung in Verzug?**

e) **Welche Rechtsfolgen** ergeben sich für einen Lieferer, für den die Lieferung aus irgendeinem Grunde **unmöglich** wird, z. B. weil die zu liefernden Fahrräder einem Brand zum Opfer fallen?

f) **Entscheiden Sie begründet,** ob die Zweirad Union GmbH **in Lieferungsverzug geraten** ist und ob demzufolge eine Nicht-Rechtzeitig- oder Zu-spät-Lieferung vorliegt.

g) Um **welche Art von Verzug** geht es in dieser Fallstudie? **Was** ist das **Gegenstück** zu dieser Art von Verzug?

3.2 Welche Rechte kann das Radcenter Grün & Braun KG geltend machen?

Ausgangssituation

Bei der weiteren Bearbeitung der vorliegenden Fallstudie ist davon auszugehen, dass sich die Zweirad Union GmbH in Eschwege in Lieferverzug befindet. Die nähere Begründung dafür haben Sie bei der Erledigung des Arbeitsauftrags 2. f) geliefert.

Das Radcenter Grün & Braun KG muss nun gegenüber dem säumigen Lieferer seine Rechte geltend machen.

Sachdarstellung

1. Übersicht:

Rechte des Käufers bei Lieferungsverzug (Nicht-Rechtzeitig-Lieferung)

Rechte, die ohne Nachfristsetzung geltend gemacht werden können.

Nachträgliche Erfüllung des Kaufvertrags,

d. h. Lieferung der Ware.

Nachträgliche Erfüllung und Ersatz des Verzögerungsschadens,

z. B. Mahn-, Schreib-, Telefon- und Rechtsanwaltskosten, entgangener Gewinn (§§ 280 Abs. 1 und 2, 286 BGB). Den Anspruch auf Ersatz des Verzugsschadens hat der Käufer auch dann, wenn er später Schadensersatz statt Leistung geltend macht.

Rechte, die erst nach erfolglosem Ablauf einer angemessenen Nachfrist in Anspruch genommen werden können.

Auch nach Ablauf einer angemessenen Nachfrist kann der Käufer nach wie vor auf der **Erfüllung des Kaufvertrags durch Nachlieferung** bestehen. Der Nacherfüllungsanspruch geht erst unter, wenn der Gläubiger statt der Leistung eines der folgenden beiden Rechte oder beide Rechte zugleich fordert.

Rücktritt vom Kaufvertrag (§§ 323 ff., 346 ff. BGB)

Schadensersatz statt Leistung (§ 280 ff. BGB)

Näheres zu diesen beiden Rechten des Käufers kann den entsprechenden **Ausführungen zur Schlechtleistung** entnommen werden (Sachdarstellung, Phase 4, Abschnitt 4).

Aufwendungsersatz (§ 284 BGB)

z. B. Erstattung von Vertragskosten, Kosten für wertlos gewordenes Prospektmaterial.

Dieses Recht kann **anstelle** von Schadensersatz statt Leistung geltend gemacht werden.

2. Erläuterungen zu den einzelnen Käuferrechten

Nachfristsetzung beim Rücktritt

Sie ist nach § 323 Abs. 2 BGB in folgenden Fällen **nicht erforderlich:**

- wenn der Verkäufer die **Nachlieferung verweigert;**
- wenn ein **Termin- oder Fixkauf** vorliegt;
- wenn **besondere Umstände** vorliegen, die unter Abwägung der beiderseitigen Interessen einen sofortigen Rücktritt rechtfertigen.

Der Käufer muss die **Nachfristsetzung nicht mit einer Androhung** an den Verkäufer **verknüpfen,** er (der Käufer) werde nach Fristablauf die Ware nicht mehr annehmen (Entbehrlichkeit der Ablehnungsandrohung).

Schadensersatz statt Leistung

Voraussetzung für die Geltendmachung dieses Rechts ist, dass den Verkäufer ein **Verschulden** an der zu späten Lieferung trifft. Das wird regelmäßig dann der Fall sein, wenn für die zu liefernde Ware längere Lieferzeiten bestehen und wenn der Verkäufer zu spät bei seinem eigenen Lieferanten (Händler, Hersteller) bestellt.

Schadensersatz statt Leistung kann der Käufer auch dann fordern, wenn er zuvor vom Kaufvertrag zurückgetreten ist; **diese beiden Rechte können also alternativ oder gleichzeitig in Anspruch genommen werden.**

- **Termin- und Fixkauf**

Bei beiden Kaufarten ist der Lieferzeitpunkt kalendermäßig genau bestimmt oder bestimmbar. Beim Fixkauf jedoch **steht und fällt das ganze Geschäft mit der Einhaltung des Liefertermins** (z. B. Lieferung einer Geburtstagstorte, eines Brautkleids, von Knallkörpern für Silvester). Auf die besondere Bedeutung des Leistungszeitpunkts muss durch bestimmte **Klauseln beim Lieferdatum** ausdrücklich hingewiesen werden, so z. B. durch eine vertragliche Regelung wie „Lieferung am 27. April fix" (fest, präzise, genau, exakt).

Bei einem Fixgeschäft kann der Käufer das Rücktrittsrecht oder den Anspruch auf Schadensersatz statt Leistung unmittelbar nach Ausbleiben der Lieferung geltend machen; er muss **nicht den Ablauf einer angemessenen Nachfrist abwarten.** Schadensersatz statt Leistung kann der Käufer jedoch nur verlangen, wenn ein **Verschulden des Lieferers** vorliegt. Auch beim Fixkauf kann der Käufer **Erfüllung des Kaufvertrags** fordern; er muss dies jedoch **unverzüglich** nach dem Überschreiten des vereinbarten Liefertermins dem Lieferer **mitteilen** (§§ 323 BGB, 376 HGB).

- **Haftung des Lieferers während des Verzugs**

Der Verkäufer als Warenschuldner **haftet** während des Verzugs für jeden Grad der **Fahrlässigkeit.** Wegen der ausgebliebenen Lieferung muss er auch für **Zufall** einstehen, sofern der entstandene Schaden nicht auch bei rechtzeitiger Lieferung eingetreten wäre (§ 287 BGB).

3. Schadensberechnung

Grundsatz: Der durch den Lieferungsverzug geschädigte Käufer muss **so gestellt** werden, wie wenn der **Kaufvertrag ordnungsgemäß erfüllt** worden wäre (§ 249 BGB); gegebenenfalls muss der **entstandene Schaden durch Geldleistungen ausgeglichen** werden (§ 251 BGB).

Zwei Möglichkeiten

Der Käufer führt wegen der ausgebliebenen Lieferung einen sog. **Deckungskauf** durch.	Der Käufer führt **keinen Deckungskauf** durch, d. h., er deckt sich nicht anderweitig bei einem Lieferer ein.
Formel für die Schadensberechnung: Höherer Preis für die Ware des Deckungskaufs – Preis für die Ware, die der Lieferer hätte liefern sollen (= vereinbarter Kaufpreis) + Sonstige Kosten (Schreib-, Telefon-, Büromaterialkosten) = Schadensersatzforderung gegenüber dem säumigen Lieferer	Der Schaden umfasst den **entgangenen** bzw. **wahrscheinlichen (imaginären) Gewinn.** Er resultiert aus Umsätzen, die bei rechtzeitiger Lieferung mit großer Wahrscheinlichkeit hätten erzielt werden können (§ 252 BGB). Es handelt sich hierbei stets um eine **Schätzgröße.** Grundlage für ihre Ermittlung ist z. B. der Umsatz zur gleichen Zeit der Vorjahres.
konkrete Schadensberechnung	**abstrakte Schadensberechnung**

Das pünktliche Einhalten **einer vereinbarten Lieferfrist** kann auch durch **Zahlung einer Geldsumme als Strafe (Vertrags- oder Konventionalstrafe),** gewährleistet werden. Sobald der **Lieferer in Verzug** geraten ist, kann der Käufer die **Zahlung der Konventionalstrafe fordern** (§ 339 BGB), und zwar **unabhängig** davon, wie hoch der **tatsächlich entstandene Schaden** ist.

Arbeitsaufträge und Fragen zur Stofferschließung

1. Befassen Sie sich mit dem **1. und 2. Abschnitt der Sachdarstellung** und beantworten Sie danach folgende **Auswertungsfragen.**

a) **In welche zwei Gruppen** lassen sich diese Käuferrechte einteilen?

b) **Welches Recht** macht das Radcenter mit dem als Ausgangssituation abgedruckten **Fax** geltend?

c) **Welches weitere Recht** könnte das Radcenter in diesem Mahnschreiben eventuell **auch noch geltend machen?**

d) **Was** könnte das Radcenter von dem säumigen Lieferanten **ersetzt verlangen?** (Drei konkrete Beispiele anführen).

e) **Welches weitere Recht** des Käufers wird von der Geltendmachung dieses Anspruchs **nicht beeinträchtigt?**

f) Wegen der Nichteinhaltung des vereinbarten Liefertermins kann das Radcenter erst dann **weitergehende Ansprüche** geltend machen, wenn eine dem Lieferer eingeräumte **angemessene Frist abgelaufen** ist. **Was** soll durch diese **Nachfrist bewirkt** werden?

g) **Begründen Sie,** ob die vom Radcenter dem säumigen Lieferer gesetzte **Nachfrist „angemessen"** ist.

h) **Nennen Sie Gegebenheiten,** bei denen sich eine **Nachfristsetzung erübrigt.**

2. Angenommen, in das **Fertigwarenlager der Zweirad Union,** wo die zum Abtransport an das Radcenter Grün & Braun bereitgestellten Räder stehen, schlägt am **15. April 20..** der **Blitz** ein und die Räder werden ein Raub der Flammen.

a) **Wer haftet für den Schaden,** den das Radcenter durch den Lieferungsausfall erleidet?

b) **Begründen Sie** diese **Haftungsregelung.**

3. Angenommen, die Zweirad Union **liefert** die Räder erst am **25. April 20..,** also drei Tage vor Eröffnung der geplanten Verkaufsschau. **Welche Rechte** kann das Radcenter in diesem Falle **geltend machen?**

4. **Begründen Sie, von welchem Recht** das **Radcenter** in den folgenden Fällen **Gebrauch machen** wird:

a) Die für die Verkaufsschau benötigten Räder werden **bis zum Ablauf der gesetzten Nachfrist nicht geliefert,** können jedoch **kurzfristig anderweitig bezogen** werden, allerdings zu einem **höheren Preis.**

b) **Wie Fall a),** jedoch räumt der neue Lieferer dem Radcenter einen **einmaligen Sonderpreis** ein, weil er mit dieser Firma ins Geschäft kommen möchte.

c) Wegen der **ausgebliebenen Lieferung** muss die geplante **Verkaufsausstellung** auf einen **späteren Zeitpunkt verschoben** werden.

5. Um **Streitigkeiten** bei der **Berechnung des Schadensersatzes** zu vermeiden, können im Kaufvertrag bestimmte **Vereinbarungen** zwischen Lieferer und Kunden getroffen werden.

a) **Wie bezeichnet** man solche **Vereinbarungen?**

b) **Welchen Wortlaut** könnte eine solche **Vereinbarung** haben?

c) Angenommen, die **Lieferung** erfolgt **zwei Tage nach dem vereinbarten Termin.** Ein konkreter **Schaden** ist dem Käufer dadurch **nicht entstanden. Muss** der **Lieferer** trotzdem die **vereinbarte Strafe bezahlen?**

6. Angenommen, für die geplante Verkaufsschau werden **mobile Ausstellungseinrichtungen in Containerform** angemietet. **Mangels anderweitiger Lagerungsmöglichkeiten** muss die **Lieferung** der bestellten Räder **exakt am Tag vor der Ausstellungseröffnung, also** am 27. April 20.., **spätestens um 12:00 Uhr,** erfolgen. Entsprechende **Klauseln** sind in den **Kaufvertrag** aufgenommen worden.

a) **Beschäftigen Sie sich** möglichst eingehend mit den **Besonderheiten beim Fixkauf. Wie unterscheidet sich** ein **Fixkauf** von einem **Terminkauf?**

b) **Nennen Sie drei praktische Beispiele** für Fixkäufe.

c) Auf **welche Tatbestände** kommt es an, wenn der Käufer **Rechte geltend** machen will, weil der **Lieferer** beim **Fixkauf in Verzug** geraten ist?

d) **Welches Recht** kann das Radcenter geltend machen, wenn die Zweirad Union am 27. April **nicht bis 12:00 Uhr liefert,** und zwar ...

da) wegen eines **Verkehrsunfalls** auf der Autobahn, an dem der Fahrer des Lieferer-Lkws **schuldlos** ist;

db) wegen **Grippeerkrankung** mehrerer Lkw-Fahrer im Liefererwerk.

7. Angenommen, in einer Volkswirtschaft würde sich unter den Wirtschaftssubjekten eine **Mentalität** breit machen, die es mit der **Einhaltung von vereinbarten Lieferterminen nicht so genau nimmt. Welche betriebs- und volkswirtschaftlichen Konsequenzen** könnten sich aus einer solchen Haltung ergeben?

3.3 Aufgaben zur Lernzielkontrolle und Sicherung des Lernerfolgs

Situationsaufgaben

[1] Die Badische Kunststoffverarbeitungs AG (BAKU AG) bestellt am 4. März 20.. bei der Obermann GmbH in Düsseldorf 10 000 kg Polyestergranulat zum Preis von 5,00 € je kg, wie gehabt, lieferbar am 14. April 20.. Die Obermann GmbH bestätigt diese Bestellung mit Brief vom 8. März 20.. Am 16. April 20.. ist das Polyestergranulat noch nicht eingetroffen. Bei einer telefonischen Rückfrage stellt sich heraus, dass die Obermann GmbH zu viele Aufträge angenommen hat.

(a) Begründen Sie, wann Lieferungsverzug eingetreten ist.

(b) Welche Rechte hat die BAKU AG, wenn Lieferungsverzug eingetreten ist?

[2] Die BAKU AG setzt sich telefonisch mit anderen möglichen Lieferern in Verbindung. Diese Ferngespräche kosten rund 15,00 €. Die Firma Schrimpf & Co. in Duisburg ist bereit sofort 10 000 kg desselben Polyestergranulats zu liefern, allerdings zum Preis von 5,50 € je kg.

(a) Beschreiben Sie, wie die BAKU AG gegen die Obermann GmbH vorgehen muss, um bei Schrimpf & Co. bestellen zu können.

(b) Die BAKU AG bestellt bei Schrimpf & Co. Berechnen Sie den Schaden in €, der der BAKU AG entstanden ist.

(c) Wer hat diesen Schaden zu tragen?

[3] Die Elektrogroßhandlung Braun bestellte am 15. April 20.. bei der Fernsehgerätefabrik Nova 25 Farbfernsehgeräte laut Angebot. Lieferung am 5. Mai 20.. fix. Die Firma Nova bestätigte den Auftrag und sagte die Lieferung zum 5. Mai 20.. ausdrücklich zu.

(a) Wie nennt man einen Kaufvertrag, bei dem der Liefertermin in dieser Weise festgelegt wird?

(b) Am 12. Mai 20.. hat die Fernsehgerätefabrik noch nicht geliefert.

(ba) Befindet sie sich in Lieferungsverzug? (Begründung)

(bb) Braun hat inzwischen ein Angebot eines anderen Herstellers erhalten, das um 10 % günstiger ist als das der Firma Nova. Braun möchte dieses Angebot gern annehmen. Ist er noch an den Vertrag mit der Firma Nova gebunden? (Begründung)

Aufgabe mit Mehrfachantworten

Entscheiden Sie, bei welchen der folgenden Lieferzeitvereinbarungen es sich um **kalendermäßig bestimmte oder bestimmbare Liefertermine** (§ 284 Abs. 2 BGB) handelt.

(a) „Lieferung in der 46. Kalenderwoche"

(b) „Lieferung drei Wochen nach Abruf"

(c) „Lieferung am 24. August 20.."

(d) „Lieferung Mitte oder Ende September"

(e) „Lieferung 14 Tage nach Auftragsbestätigung"

(f) „Lieferung binnen 8 Tagen nach Rechnungserteilung"

(g) „Lieferung frühestens im Mai"

(h) „Lieferung Anfang August"

(i) „Lieferung bis Ende 20.."

(j) „Lieferung Mitte des Monats"

(k) „Lieferung bis Ende Juni"

(l) „Lieferung zwei Wochen nach Ostern"

(m) „Lieferung im Laufe der zweiten Septemberhälfte"

(n) „Lieferung sofort"

(o) „Lieferung so bald wie möglich"

(p) „Lieferung umgehend"

(q) „Lieferung frühestens in drei Wochen"

(r) „Lieferung frühestens im Juli"

(s) „Lieferung ab Oktober"

(t) „Lieferung im Mai"

Aufgaben mit Auswahlantworten

(Stets 1 aus 5! Notieren Sie die Lösung auf einem Arbeitsblatt, z. B. 1a, 2b usw.)

[1] **Welche** der folgenden **Aussagen** zum Lieferungsverzug ist **falsch?**

(a) Hat der Käufer die verspätete Lieferung angenommen, so kann er trotzdem noch vom Kaufvertrag zurücktreten.

(b) Bei einem kalendermäßig nicht genau fixierten Liefertermin kommt der Lieferer immer erst dann in Verzug, wenn ihn die Mahnung des Käufers erreicht.

(c) Bei einem Lieferungsverzug muss die nicht erbrachte Leistung nachholbar sein, andernfalls liegt eine Unmöglichkeit der Leistung vor, die andere Rechtsfolgen nach sich zieht.

(d) Die Vereinbarung einer Vertragsstrafe hat gegenüber der Beanspruchung von Schadensersatz den Vorteil, dass der Eintritt des Lieferungsverzugs genügt, um die Zahlung der vereinbarten Geldsumme zu fordern, und dass ein Schaden nicht entstanden sein muss.

(e) Rücktritt vom Kaufvertrag ist immer erst möglich nach Ablauf einer angemessenen Nachfrist.

[2] **Welche** der folgenden **Aussagen** in Bezug auf die **Rechte des Käufers** bei Lieferungsverzug ist **falsch?**

(a) Nach erfolglosem Ablauf einer angemessenen Nachfrist kann der Käufer Erfüllung des Kaufvertrags nicht mehr verlangen.

(b) Bei nicht rechtzeitiger Lieferung kann der Käufer ohne Nachfristsetzung die nachträgliche Erfüllung des Kaufvertrags verlangen.

(c) Nach dem Ablauf einer angemessenen Nachfrist kann der Käufer die Lieferung ablehnen und zwischen Rücktritt und Schadensersatz statt Leistung wählen.

(d) Ist der Lieferer in Verzug, dann kann der Käufer ohne Nachfristsetzung die nachträgliche Erfüllung und den Ersatz des Verzugsschadens fordern.

(e) Ist die vom Käufer gesetzte Nachfrist abgelaufen, ohne dass der Lieferer seinen Lieferverpflichtungen nachgekommen ist, dann kann der Käufer zwei Rechte gleichzeitig geltend machen, nämlich Rücktritt vom Kaufvertrag und Schadensersatz statt Leistung.

[3] **Eine** der folgenden Aussagen zum Lieferungsverzug ist **richtig.** Welche?

(a) Ein Fixgeschäft liegt immer dann vor, wenn für die Lieferung ein bestimmter Termin vereinbart wurde.

(b) Voraussetzung für das Eintreten des Lieferungsverzugs ist allein die Fälligkeit der Leistung.

(c) Von abstrakter Schadensberechnung spricht man immer dann, wenn dem Käufer infolge der Lieferungsverzögerung bzw. infolge der Nichtlieferung Gewinn entgangen ist.

(d) Ein Lieferer gerät immer dann in Lieferungsverzug, wenn er einen vertraglich vereinbarten Liefertermin nicht einhält.

(e) Bei einem Fixkauf gibt es nach Ablauf des vereinbarten Liefertermins für den Lieferer keine Möglichkeit mehr, seinen Lieferverpflichtungen nachzukommen.

3.4 Zusammenfassung wichtiger Lerninhalte

- **Zu den Voraussetzungen für das Vorliegen einer Nicht-Rechtzeitig- oder Zu-spät-Lieferung (Lieferungsverzug)** gehören die Fälligkeit der Leistung, eine Mahnung (sofern die Lieferzeit kalendermäßig nicht genau bestimmt ist), Verschulden des Lieferers und Nachholbarkeit der Leistung.
- **Nicht erforderlich ist eine Mahnung** zur Inverzugsetzung des Lieferers dann, wenn der Lieferzeitpunkt kalendermäßig genau bestimmt oder bestimmbar ist, wenn der Lieferer sich selbst in Verzug setzt und wenn aus besonderen Gründen der sofortige Eintritt des Verzugs gerechtfertigt ist.
- **Die Rechte des Käufers** beim Lieferungsverzug werden in zwei Gruppen eingeteilt, nämlich in solche, die unmittelbar nach Eintreten des Verzugs geltend gemacht werden, und in solche, die erst nach Ablauf einer angemessenen Nachfrist in Anspruch genommen werden können. Zur erstgenannten Gruppe gehört das Recht, nachträglich Erfüllung oder nachträgliche Erfüllung und Ersatz des Verzugsschadens zu verlangen. Zur zweiten Kategorie von Ansprüchen gehört das Recht auf Rücktritt vom Kaufvertrag, auf Schadensersatz statt Leistung und auf Ersatz vergeblicher Aufwendungen.
- **Die Schadensberechnung** kann konkreter oder abstrakter Natur sein. Der erstgenannten Art liegt ein Deckungskauf zugrunde; bei der zuletzt genannten Berechnungsmethode wird durch Schätzung der entgangene Gewinn ermittelt.
- **Eine vereinbarte Konventionalstrafe** wird bei Eintritt des Lieferungsverzugs fällig, und zwar unabhängig vom tatsächlich eingetretenen Schaden.
- **Fixkauf:** Das ganze Geschäft steht und fällt mit der Einhaltung des Liefertermins; Zusatz „fix", „fest" oder Ähnliches erforderlich.

4 Der Annahme- oder Gläubigerverzug

4.1 Wie ist die Rechtslage beim Annahmeverzug?

Ausgangssituation

Auszug aus einem Fax der Nova Möbelwerke GmbH, Koblenz, an das Einrichtungshaus Clement in Kassel

Annahmeverzug

Sehr geehrte Damen und Herren,

am 18. Februar d. J. bestellten Sie bei uns

2 Schlafzimmer, Modell „Sommernachtstraum" und 3 Wohnzimmer, Modell „Exklusiv".

Gestern teilte uns unser Fahrer um 15:30 Uhr telefonisch mit, dass Sie die Annahme der Möbel verweigert haben. Dies geschah ohne Angabe von Gründen.

Weil wir die Ladefläche unseres Lkw auf der Rückfahrt dringend benötigten, haben wir unseren Fahrer angewiesen die Möbel im Kronen-Lagerhaus, Berliner Straße 99, in Kassel einzulagern. Die Einlagerung erfolgte auf Ihre Kosten und Ihre Gefahr.

Wir weisen Sie darauf hin, dass die von Ihnen bestellten Möbel ordnungsgemäß, rechtzeitig und am vereinbarten Ort angeliefert wurden. Mit unserem Schreiben vom 2. Juli dieses Jahres hatten wir die Lieferung ausdrücklich angekündigt. Wegen der Nichtannahme der Ware befinden Sie sich deshalb in Annahmeverzug.

Falls Sie die eingelagerten Möbel bis zum 20. d. M. nicht abholen, werden wir zwei Tage nach diesem Datum am Lagerungsort eine Versteigerung durchführen.

Wir hoffen jedoch, dass Sie es nicht zu einer solchen Aktion kommen lassen und damit unsere seither angenehme Geschäftsverbindung unnötigerweise belasten.

Bitte nennen Sie uns möglichst bald die Gründe für Ihr Verhalten und nehmen Sie zu unserem Schreiben Stellung.

Auszug aus dem Antwortschreiben des Einrichtungshauses Clement vom 14. Juli 20..

Ihre Lieferung vom 9. Juli d. J.

Sehr geehrte Damen und Herren,

wegen der schlechten Konjunktur in der Möbelbranche haben wir zurzeit mit Liquiditätsproblemen zu kämpfen. Wir können die Möbel sofort annehmen, wenn Sie bereit sind uns ein Zahlungsziel von drei Monaten (Wechselakzept) einzuräumen.

Sachdarstellung

1. Voraussetzungen für das Eintreten des Annahmeverzugs

beim Käufer (K)	in Bezug auf die Ware	beim Verkäufer (V)
§ 293 BGB: **Nichtannahme** der ordnungsgemäß und pünktlich gelieferten Ware	**§ 271 BGB:** **Fälligkeit** der Leistung (Lieferung)	**§ 294 BGB:** **Tatsächliches Angebot** der Ware, d. h., die Lieferung muss möglich sein.

(Fortsetzung nächste Seite).

Nicht erforderlich für das Eintreten des Annahmeverzugs sind: • **Mahnung** des Käufers (Aufforderung zur Abnahme der Ware); • **Verschulden** von Seiten des Käufers.	**Zwei Möglichkeiten:** • **Vertraglich vereinbarte Lieferzeit:** Es gilt in der Regel ein **bestimmter Liefertermin.** • **Keine vertragliche Vereinbarung** über die Lieferzeit: Es gilt die **gesetzliche Regelung.**	**Anbieten** der Ware ... • zur rechten Zeit, • am rechten Ort, • in der rechten Art und Weise.
Der Käufer kann die **Abnahme der Ware verweigern,** wenn der Sendung anzusehen ist, dass die **Ware beschädigt** ist, z. B. bei stark beschädigter Verpackung. (Siehe 1.2.2, Sachdarstellung: Abschnitt 1, Phase 1.)	**§ 271 Abs. 1 BGB:** K kann die Lieferung **sofort** verlangen, V muss sie sofort bewirken. **§ 297 BGB:** K kommt **nicht** in Annahmeverzug, wenn V zur Zeit des Angebots außerstande ist, die Leistung zu bewirken, also zu liefern.	**§ 299 BGB:** Ist die **Lieferzeit kalendermäßig nicht genau bestimmt,** muss V eine **angemessene Zeit vorher** die **Lieferung ankündigen,** andernfalls kommt K **nicht** in **Annahmeverzug.**

2. Wirkungen des Annahmeverzugs

Wirkungen beim Käufer: Haftungsverstärkung	**Wirkungen beim Verkäufer: Haftungsminderung**
§ 300 Abs. 2 BGB: Zur bisherigen Haftung für Vorsatz und Fahrlässigkeit kommt noch die **Haftung für zufälligen Untergang bzw. zufällige Verschlechterung der Ware** hinzu (sog. **Gefahrtragung**).	**§ 300 Abs. 1 BGB:** Die bisherige Haftung für Vorsatz und jeden Grad der Fahrlässigkeit beschränkt sich nun auf **grobe Fahrlässigkeit und Vorsatz.**

3. Rechte des Lieferers beim Annahmeverzug

Fall 1	**V besteht auf ordnungsgemäßer Erfüllung** des Kaufvertrags (Abnahme der Ware durch den Käufer). Er kann dann folgende **Maßnahmen** ergreifen:

① **Ware sofort verkaufen,**

wenn es sich um **leicht verderbliche** Ware handelt, z. B. Obst, Gemüse, Fische.

→ **Notverkauf** vornehmen (§§ 373 Abs. 2 S. 2/379 Abs. 2 HGB).

Entstehung von Verkaufs-, Versteigerungskosten

② **Ware einlagern lassen** (§ 373 Abs. 1 HGB)

anschließend

→ ②a **Selbsthilfeverkauf** durchführen (§ 373 Abs. 2 HGB)

Entstehung von Lager-, Verkaufs- und Versteigerungskosten

→ ②b **Klage auf Abnahme** der Ware erheben

Lager-, Transport-, Gerichts-, Rechtsanwaltskosten

③ **Belastung des Käufers mit den entstandenen Kosten (§ 304 BGB)**

Fall 2	**V verzichtet auf die ordnungsgemäße Erfüllung** des Kaufvertrags. Er **nimmt** die **Ware zurück** und **veräußert** sie an **andere Abnehmer. Voraussetzung:** K und V einigen sich auf einen **Rücktritt vom Kaufvertrag.**

Anwendungsfälle:
- V zeigt gegenüber einem guten Kunden **Entgegenkommen.**
- Die **Kreditwürdigkeit** des Kunden hat sich in der Zwischenzeit deutlich verschlechtert, z. B. meldet der Kunde Vergleich an oder lässt mehrere Wechsel „platzen".
- V kann die Ware **anderweitig** zu einem **höheren Preis** verkaufen.

4. Der Selbsthilfeverkauf (SHV, § 373 Abs. 2 HGB)
(Handelskauf)

K — **I. EINLEITUNG DES VERFAHRENS** — **V**

① **Mitteilung** über die Einlagerung der Ware (§ 373 Abs. 1 HGB)
+ **Fristsetzung** für die Annahme
+ **Androhung** des Verkaufs nach Ablauf der gesetzten Frist

◄────────────

② **Mitteilung** über...
- Ort
- Zeitpunkt

des Verkaufs (§ 373 Abs. 5 HGB)

◄────────────

II. DURCHFÜHRUNG DES VERFAHRENS

Zwei Probleme:

③ **Wo** soll der SHV durchgeführt werden?
- **Normalfall:** am Ort des Käufers (Wohn- bzw. Geschäftssitz)
- **Ausnahmefall:** an einem geeigneten anderen Ort, falls am Wohn- oder Geschäftssitz des K kein angemessener Erlös zu erwarten ist.

④ **Wer** führt ihn durch?
- **Die Ware hat einen Markt- oder Börsenpreis:** Freihändiger Verkauf durch einen Handelsmakler.
- **Die Ware hat keinen Markt- oder Börsenpreis:** Öffentliche Versteigerung oder durch einen öffentlich bestellten Versteigerer.

Beachten Sie, dass **V** und **K** bei der Versteigerung **mitbieten** können.

K — **III. BEENDIGUNG DES VERFAHRENS** — **V**

⑤ **Mitteilung** von der Durchführung des SHV

◄────────────

⑥ **Abrechnung für Rechnung des säumigen Käufers** (Versteigerungsgebühren, evtl. Mindererlös werden in Rechnung gestellt.)

◄────────────

Arbeitsaufträge und Fragen zur Stofferschließung

1. **Analysieren Sie** das vorstehend abgedruckte **Schreiben** der Nova Möbelwerke GmbH an das Einrichtungshaus Clement in Kassel **(Ausgangssituation).**
2. **Vor welchem Problem** stehen die Nova Möbelwerke? **Welche Entscheidung** würden Sie in diesem Falle **treffen?** (Begründung) **Lösungshinweis:** Zahlungsziel.

3. **Beschäftigen Sie sich** mit den **gesetzlichen Vorschriften über den Annahmeverzug** in der Weise, dass Sie die **Aussagen der Sachdarstellung (1. und 2.)** mithilfe der angegebenen Paragrafen **überprüfen.**

4. **Überprüfen Sie** mithilfe der **Ausführungen in der Sachdarstellung (1.), ob** das Einrichtungshaus Clement in **Annahmeverzug** geraten ist.

5. **Vergleichen Sie** die **Voraussetzungen** für das Eintreten des **Lieferungsverzugs** mit denen beim **Annahmeverzug. Welche Unterschiede** ergeben sich?

6. **In welchem Falle** könnte das Einrichtungshaus Clement **zu Recht** die **Annahme** der pünktlich gelieferten Möbel **verweigern?**

7. Angenommen, es handelt sich im vorliegenden Fall um ein sog. **Zug-um-Zug-Geschäft** gemäß § 296 BGB.
   a) **Was versteht** man unter einem solchen Geschäft?
   b) **Wodurch** kann das Einrichtungshaus in diesem Falle in **Annahmeverzug** geraten?

8. **Was** muss ein **Lieferer** vor der Absendung der Ware **tun,** wenn der **Lieferzeitpunkt nicht eindeutig bestimmt** ist?

9. **Welche Rechtswirkungen** hat der Annahmeverzug auf...
   a) das Einrichtungshaus Clement,
   b) die Nova Möbelwerke?

10. Angenommen, die Nova Möbelwerke **bestehen auf der Erfüllung** des Kaufvertrags. **Welche Möglichkeiten** haben sie, um „zu ihrem Geld" zu kommen?

11. **Nennen Sie Beispiele für Kosten,** die die Nova Möbelwerke gegebenenfalls dem Einrichtungshaus Clement in Rechnung stellen können.

12. **In welchen Fällen** wird ein Lieferer auf **Erfüllung,** d. h. auf Abnahme der pünktlich und ordnungsgemäß gelieferten Ware bestehen?

13. **In welchen Fällen** kann es angebracht erscheinen, dass die Nova Möbelwerke auf die **Erfüllung** des Kaufvertrags **verzichten** und die **Ware an andere Abnehmer veräußern?**

14. **Lesen Sie** im **HGB** die **Bestimmungen über den Selbsthilfeverkauf** (§ 373 HGB) nach. **Studieren Sie** sodann die vorstehende **Ablaufskizze. Halten Sie** danach einen **Kurzvortrag** über den Selbsthilfeverkauf.

4.2 Aufgaben zur Lernzielkontrolle und Sicherung des Lernerfolgs

Aufgaben mit Auswahlantworten

(Stets 1 aus 5! Notieren Sie die Lösung auf einem Arbeitsblatt, z. B. 1 a, 2 b usw.)

[1] Der Käufer einer Ware kommt in Annahmeverzug, wenn bestimmte **Voraussetzungen** gegeben sind. Welche von den unten aufgeführten Gegebenheiten gehört nicht zu den Voraussetzungen des Annahmeverzugs?

(a) Nichtannahme der Leistung (der gelieferten Ware)
(b) Fälligkeit der Leistung (der Lieferung)
(c) ordnungsgemäße Lieferung der Ware
(d) Verschulden des Käufers
(e) Die Leistung (Ware) muss vom Lieferer tatsächlich angeboten worden sein.

[2] Gerät der Käufer in Annahmeverzug, so kann der Verkäufer eins von mehreren **Rechten** geltend machen. Welches der unten angeführten Rechte kann er **nur mit Zustimmung des Käufers** geltend machen?

(a) Zurücknehmen und anderweitiges Verkaufen der Ware
(b) Einlagern der Ware und Klage auf Abnahme
(c) Einlagern der Ware und Durchführung eines Selbsthilfeverkaufs
(d) Notverkauf von leicht verderblicher Ware
(e) Belastung des Käufers mit den entstandenen Kosten

[3] Befindet sich der Käufer in Annahmeverzug, so wirkt sich das auf die **Haftung** von Käufer und Verkäufer aus.

Der **Verkäufer** haftet in diesem Fall wie folgt: (**Richtiges** anstreichen.)

(a) nur für Vorsatz
(b) nur für Vorsatz und grobe Fahrlässigkeit
(c) nur für Vorsatz und Zufall
(d) nur für grobe Fahrlässigkeit und Zufall
(e) überhaupt nicht

[4] In welchem der unten angeführten Fälle **verhält sich der Verkäufer richtig,** wenn der Käufer die ordnungsgemäß und zur rechten Zeit am rechten Ort gelieferte Ware (Möbel) nicht annimmt?

(a) Er lässt die Ware vor dem Geschäft des Käufers einfach abladen.
(b) Er verkauft die Ware ganz einfach an einen anderen Abnehmer um 20 % billiger.
(c) Er nimmt einen Notverkauf vor.
(d) Er beantragt beim zuständigen Amtsgericht die Festsetzung eines Versteigerungstermins.
(e) Er lässt die Ware in einem öffentlichen Lagerhaus einlagern und leitet einen Selbsthilfeverkauf ein.

[5] In welchem Fall ist der **Käufer in Annahmeverzug geraten, wenn er die Annahme verweigert?**

(a) Die bestellte Ware sollte Mitte Oktober geliefert werden, trifft aber schon am 28. September ein.
(b) Ein langjähriger Lieferer sendet uns Ware, die wir nicht bestellt haben.
(c) Der Lieferer befindet sich in Lieferungsverzug; die ihm gesetzte Nachfrist zur Nachlieferung ist bereits abgelaufen.
(d) Der Käufer stellt fest, dass er noch genug Ware auf Lager hat und deshalb auf die Lieferung nicht angewiesen ist.
(e) Der Käufer nimmt die Ware nicht an, weil die Verpackung total beschädigt ist.

[6] Bei einem ordnungsgemäß durchgeführten **Selbsthilfeverkauf** wird überraschenderweise ein **Mehrerlös von 340,40** € erzielt. Muss der Lieferer den Mehrerlös dem Käufer überweisen?

(a) Ja, und zwar nach Abzug der Versteigerungskosten und sonstiger Auslagen.
(b) Ja, und zwar in voller Höhe, d. h. ohne jeden Abzug.
(c) Nein, denn der Selbsthilfeverkauf erfolgt im Namen und auf Rechnung des Verkäufers.
(d) Nein, denn der Mehrerlös wird zu gleichen Teilen zwischen Käufer und Verkäufer aufgeteilt.
(e) Nein, denn den Mehrerlös kassiert immer der Gerichtsvollzieher bzw. der die Versteigerung durchführende Handelsmakler.

[7] Der **Käufer** einer Ware befindet sich in **Annahmeverzug.** Der Verkäufer hat die **Ware** in einem Lagerhaus einlagern lassen. Dort wird sie von einem Blitz getroffen und **völlig zerstört.** Versicherungsschutz besteht nicht. **Welche Aussage** ist **richtig?**

(a) Käufer und Verkäufer müssen sich den Schaden teilen, da beide eine gewisse Schuld trifft.
(b) Der Käufer muss die Rechnung des Verkäufers begleichen, obwohl er keinerlei Ware erhält.
(c) Der Verkäufer hat keinen Anspruch auf Begleichung der Rechnung, weil die Ware nicht übergeben wurde.
(d) Der Spediteur muss dem Verkäufer den Schaden ersetzen, weil er die Einlagerung der Ware besorgte.
(e) Der Lagerhalter muss dem Verkäufer den Schaden ersetzen, weil die Ware in seinem Obhutsbereich war.

4.3 Zusammenfassung wichtiger Lerninhalte

- **Voraussetzung** für das Eintreten des Annahmeverzugs ist, dass der Verkäufer dem Käufer die Ware tatsächlich angeboten hat, dass der Käufer sie nicht angenommen hat, obwohl sie ordnungsgemäß, am rechten Ort und zur rechten Zeit geliefert wurde.
- **Wirkungen:** Haftungsverschärfung beim Käufer (Haftung für Vorsatz, Fahrlässigkeit und für Zufall), Haftungsverminderung beim Verkäufer (Haftung für grobe Fahrlässigkeit und Vorsatz).
- **Rechte des Lieferers:** Notverkauf bei leicht verderblichen Waren; Einlagerung der Ware mit anschließendem Selbsthilfeverkauf oder Klage auf Abnahme; Belastung des Käufers mit den entstandenen Kosten; Rücknahme der Ware und anderweitige Veräußerung (Voraussetzung: Einigung mit dem Käufer).
- **Der Selbsthilfeverkauf** dient der Verwertung der nicht angenommenen Ware und wird auf Rechnung des säumigen Käufers durchgeführt. Bei einer Versteigerung können beide Vertragsparteien mitbieten.

5 Die Nicht-Rechtzeitig- oder Zu-spät-Zahlung (Zahlungsverzug)

5.1 Wie ist die Rechtslage beim Zahlungsverzug?

Ausgangssituation

Auszug aus einem Schreiben der Dr. Erich Schöne GmbH, Körperpflegemittel, Bremen, an die „parfümerie exclusive", Inhaberin: Jessica Braun, Oldenburg:

Rechnungsausgleich

Sehr geehrte Frau Braun,

wir lieferten Ihnen unter Eigentumsvorbehalt am 12. April d. J. diverse Kosmetika im Wert von 3.241,00 € Als Zahlungsbedingungen hatten wir vereinbart: bei Zahlung innerhalb von 10 Tagen 3 % Skonto oder 30 Tage netto ab Rechnungsdatum.

Leider ist unsere Rechnung bis zum heutigen Tag noch nicht beglichen worden. Bitte überweisen Sie uns den oben angeführten Rechnungsbetrag für Rechnung Nr. 88427–9 umgehend.

Anmerkung: Dem obigen Schreiben ging eine **Zahlungserinnerung** durch **Übersendung einer Rechnungskopie** am 20. Mai 20.. voraus. Lieferungs- und Rechnungsdatum sind identisch.

Sachdarstellung

1. Der Zahlungsverzug als spezielle Form des Schuldnerverzugs

- **Voraussetzungen des Zahlungsverzugs.** Wie die Nicht-Rechtzeitig- oder Zu-spät-Lieferung ist die Nicht-Rechtzeitig- oder Zu-spät-Zahlung eine besondere Form des Schuldnerverzugs. Deshalb gelten für den Zahlungsverzug im Prinzip **dieselben Voraussetzungen wie für den Lieferungsverzug,** nämlich **Fälligkeit, Mahnung und Verschulden.**[1] Im Gegensatz zur Nicht-Rechtzeitig- oder Zu-spät-Lieferung spielt die Nachholbarkeit einer Leistung im Zusammenhang mit Geldschulden keine Rolle, da Geld stets Gattungscharakter hat und deshalb jederzeit austauschbar ist.

- **Fälligkeit der Zahlung.** Falls der Zahlungszeitpunkt weder vertraglich geregelt noch aus den Umständen zu entnehmen ist, kann der Verkäufer die **Zahlung sofort verlangen,** der Käufer kann sie sofort bewirken (§ 271 Abs. 1 BGB).

- **Mahnung des Käufers.** Um einen säumigen Zahler in Zahlungsverzug zu setzen, muss er nach Fälligkeit **grundsätzlich gemahnt** werden. **Ausnahmen** von dieser Regel sind in § 286 Abs. 2 BGB genannnt.[1] Eine Mahnung ist außerdem entbehrlich, wenn 30 Tage nach Fälligkeit und Zugang einer Rechnung vergangen sind (sog. 30-Tage-Regel; Näheres siehe unten); dann kommt der Käufer als Schuldner **automatisch** in Zahlungsverzug.

- **Verschulden des Käufers.** § 286 Abs. 4 BGB bestimmt, dass der Käufer **nicht** in Zahlungsverzug gerät, solange die Zahlung infolge eines Umstands unterbleibt, den er **nicht zu vertreten** hat. Beim Zahlungsverzug kann jedoch **Verschulden stets als gegeben angenommen** werden, weil derjenige, der einen Kaufvertrag abschließt und später den Kaufpreis nicht begleichen kann, seine **Pflichten aus dem Kaufvertrag verletzt.** Es ist ein allgemein anerkannter Rechtsgrundsatz, dass der **Schuldner für seine finanzielle Leistungsfähigkeit einzustehen** hat. „Geld hat man zu haben. Wer kein Geld hat, ist selber schuld." Also hat der Käufer als Schuldner sein Nicht-leisten-Können stets zu vertreten; er muss **zahlungsfähig** sein.

- **Rechte des Verkäufers, wenn der Käufer in Zahlungsverzug ist.** Analog zu den Rechten des Käufers beim Lieferungsverzug werden die Rechte des Verkäufers beim Zahlungsverzug in **zwei Gruppen** eingeteilt: in Rechte, die unmittelbar **nach Eintritt des Zahlungsverzugs** geltend gemacht werden können, und in solche, die erst nach **Ablauf einer angemessenen Nachfrist** in Anspruch genommen werden können.

  Zur erstgenannten Kategorie von Rechten gehört der **Anspruch auf Erfüllung** (Nachholung der Zahlung) sowie die Verbindung dieses Rechts mit dem **Anspruch auf Ersatz des Ver-**

1 Siehe hierzu die Ausführungen zum Lieferungsverzug (Abschnitt 3.1, Sachdarstellung 2.)

zugsschadens (§ 280 Abs. 1 BGB). Der Verzugsschaden umfasst den Ersatz der durch den Zahlungsverzug entstandenen **Kosten** (z. B. Mahnkosten wie Porto, Schreibkosten, Anwaltsgebühren, Bankspesen, Kreditprovision) und die **Verzugszinsen.**

Nach erfolglosem Ablauf einer angemessenen Nachfrist kann der Verkäufer **Rücktritt vom Kaufvertrag** (§§ 323 ff., 346 ff. BGB) und/oder **Schadensersatz statt Leistung** (§ 280 ff. BGB) fordern.

Außerdem kann der Verkäufer den **Ersatz vergeblicher Aufwendungen** verlangen (§ 284 BGB).

- **Nachfristsetzung für den säumigen Zahler.** Einer Nachfrist für die Nachholung der ausstehenden Zahlung bedarf es dann **nicht,** wenn der Käufer die **Zahlung verweigert** oder wenn **besondere Umstände** vorliegen (§§ 281 Abs. 2, 323 Abs. 2 BGB).
- **Rücktritt und Schadensersatz und Schadensersatz statt Leistung. Die im Zusammenhang mit der Schlechtlieferung und der Nicht-Rechtzeitig-Lieferung gemachten Ausführungen** zu diesen beiden Ansprüchen **gelten grundsätzlich auch für die Nicht-Rechtzeitig-Zahlung.** Das Recht auf **Rücktritt vom Kaufvertrag** wird der Verkäufer immer dann beanspruchen, wenn die **Ware noch vorhanden** ist und wenn sie problemlos, möglicherweise sogar zu günstigeren Bedingungen, **weiterverkauft** werden kann. Häufig stößt jedoch die Rückabwicklung der gegenseitig bewirkten Leistungen in der Wirtschaftspraxis auf **Schwierigkeiten,** weil die Ware in der Zwischenzeit **weiterverarbeitet** oder **weiterverkauft** wurde.

2. Die Besonderheiten des Zahlungsverzugs

- **Die 30-Tage-Regel für die Inverzugsetzung.** Zahlt ein Käufer einen fälligen Rechnungsbetrag **nicht,** ohne dafür einen berechtigten Grund zu haben, dann **verletzt** er eine seiner **Pflichten aus dem Kaufvertrag.** Er gerät **spätestens 30 Tage nach Zugang einer Rechnung und Fälligkeit** in Zahlungsverzug (§ 286 Abs. 3 S. 1 BGB). Dieser Automatismus gilt immer nur dann, wenn **keine vertragliche Regelung** über den Zahlungszeitpunkt existiert, wenn also die **gesetzliche Regelung** über die Leistungszeit zur Anwendung kommt (§ 271 BGB). Wurde zwischen den Vertragspartnern ein **bestimmtes Zahlungsziel vertraglich vereinbart,** dann gerät der Käufer schon **vor Ablauf** der ab Fälligkeit laufenden **30-Tagesfrist** in Zahlungsverzug, wenn als Zahlungszeitpunkt ein Termin nach dem Kalender festgelegt wurde oder wenn er bei einem unbestimmten Zahlungstermin vorher gemahnt wurde. Außerdem gilt die 30-Tage-Regelung gegenüber einem **Schuldner, der Verbraucher** ist, nur dann, „wenn auf diese **Folgen** in der Rechnung oder Zahlungsaufstellung **besonders hingewiesen** worden ist" (§ 286 Abs. 3 S. 1 BGB).
- **Höhe der Verzugszinsen.** Nach § 288 BGB ist eine Geldschuld während des Verzugs zu verzinsen. Der **Verzugszinssatz** beträgt bei **bürgerlichen Rechtsgeschäften (Privatkäufen)** und **einseitigen Handelskäufen (Verbrauchsgüterkäufen)** für das Jahr **fünf Prozentpunkte über dem Basiszinssatz.** Für Rechtsgeschäfte, an denen ein Verbraucher nicht beteiligt ist **(zweiseitige Handelsgeschäfte),** wurde der Zinssatz auf **acht Prozentpunkte** über dem Basiszinssatz festgelegt. Falls der Verkäufer aus irgendeinem Rechtsgrund **höhere Zinsen** verlangen kann, sind diese anzusetzen. Auch ist es nicht ausgeschlossen, einen durch die verspätete Zahlung entstandenen **weiteren Schaden** dem säumigen Käufer in Rechnung zu stellen, so beispielsweise höhere Bankzinsen für eine infolge der Zahlungsverzögerung notwendig gewordene Kreditaufnahme (§ 288 Abs. 2 bis 4 BGB).
- **Der Basiszinssatz.** Zu den wichtigsten **Wesensmerkmalen** dieser Größe zählen die folgenden: Er verändert sich zum **1. Januar** und **1. Juli** eines jeden Jahres. Das **Ausmaß der Veränderung** richtet sich danach, wie die **Bezugsgröße** seit der letzten Veränderung des Basiszinssatzes **gestiegen** oder **gefallen** ist. Als Bezugsgröße fungiert der **Zinssatz für die Hauptrefinanzierungsoperation** der Europäischen Zentralbank. Maßgeblich ist der **Zinssatz vor dem ersten Kalendertag des betreffenden Halbjahres** (§ 247 Abs. 1 BGB). Die Höhe des jeweils gültigen Basiszinssatzes kann dem **Wirtschaftsteil der Tageszeitung** entnommen werden.

3. Die Zahlungsmoral in Europa

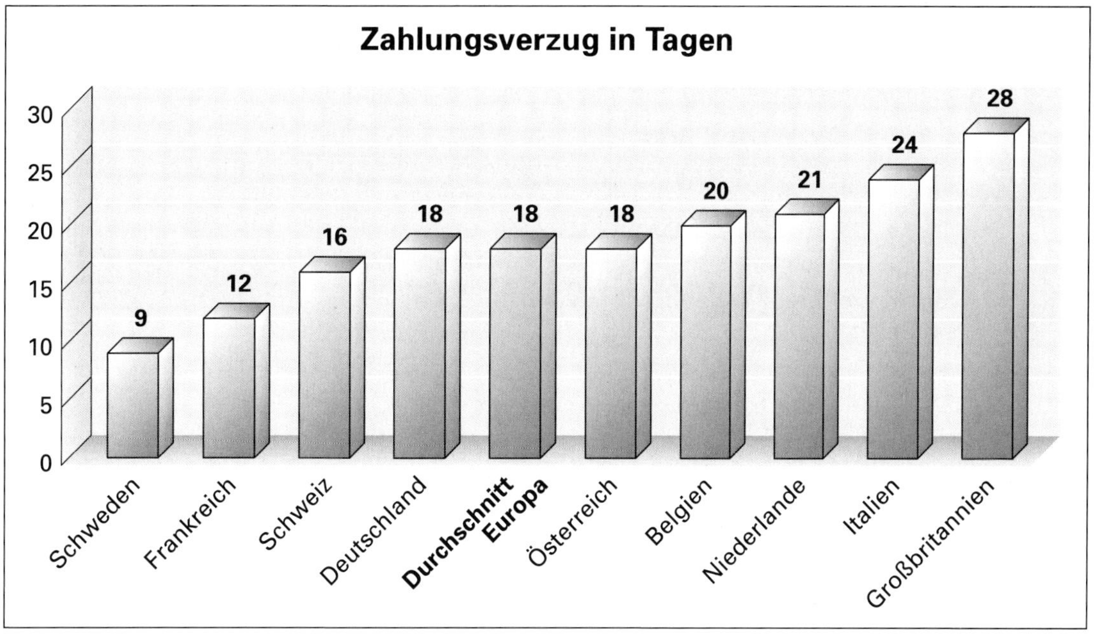

Quelle: KSV, Okt. 2002

Arbeitsaufträge und Fragen zur Stofferschließung

1. **Analysieren** Sie das als **Ausgangssituation** abgedruckte **Schreiben.**

a) **Wann** war die in diesem Schreiben erwähnte **Rechnung fällig?**

b) **Wie nennt man** ein derartiges **Schreiben?**

c) **Welche Inhaltspunkte** weist ein solches Schreiben auf?

d) **Welches** sind die **zwei wichtigsten Inhaltspunkte** eines solchen Schreibens?

2. Im Folgenden sollen insbesondere die **Voraussetzungen für die Inverzugsetzung des Käufers,** der „parfümerie exclusive", **überprüft** werden.

a) **Wann** ist eine **Zahlung fällig,** wenn im Kaufvertrag **keinerlei Angaben** über den Zahlungszeitpunkt gemacht werden?

b) **Warum** ist die vorstehende **Mahnung** im vorliegenden Fall **ohne rechtliche Bedeutung** für die Inverzugsetzung des Kunden?

c) **Warum** hat die „parfümerie exclusive" das **Nicht-bezahlen-Können einer Liefererrechnung stets zu vertreten?**

d) **Ab welchem Datum** befindet sich der Kunde, die „parfümerie exclusive", in **Zahlungsverzug?** (Begründung)

e) **Was** versteht man unter der **30-Tage-Regelung** im Zusammenhang mit dem Zahlungsverzug?

f) **Welche Einschränkung** gilt für die 30-Tage-Regelung bei einem **Verbrauchsgüterkauf?**

g) **Angenommen,** die in der Ausgangssituation erwähnte Rechnung sowie der ihr zugrunde liegende Kaufvertrag enthalte **keinerlei Zahlungsvereinbarung. Ab wann** befindet sich die „parfümerie exclusive" in **Zahlungsverzug,** wenn vonseiten der Dr. Erich Schöne GmbH **weder** eine **Zahlungserinnerung noch** eine **Mahnung** erfolgt?

h) Angenommen, es existiere zwischen den beiden Kaufvertragspartnern der Ausgangssituation **keine Zahlungsvereinbarung. Ab welchem Zeitpunkt** befindet sich die „parfümerie exclusive" in **Zahlungsverzug,** wenn sie am **3. Juni 20..** das vorstehend abgedruckte **Mahnschreiben** erhält?

i) Angenommen, der Kaufvertrag zwischen der Dr. Erich Schöne GmbH und der „parfümerie exclusive"enthält die **Zahlungsbedingung „Zahlbar bis 12. Mai 20.." Ab wann** befindet sich der Käufer in **Zahlungsverzug?**

j) Die „parfümerie exclusive" liefert am **27. August 20..** an die Schauspielerin Eva Kühne verschiedene Kosmetika im Wert von 235,00 Euro. **Angaben über Zahlungsmodalitäten** sind in der Rechnung vom gleichen Tag nicht enthalten, ebenso wenig besondere Hinweise. Am **15. Dezember** desselben Jahres ist der **Rechnungsbetrag immer noch offen.**

ja) **Wann** gerät Frau Kühne in **Zahlungsverzug?**
jb) **Angenommen,** Frau Kühne wird am **12. September 20**.. von der „parfümerie exclusive" **gemahnt. Wie viel Euro Verzugszinsen** können ihr bei einem Basiszinssatz von 3,07 % in Rechnung gestellt werden?

Lösungshinweis: Berechnung nach der Euro-Zinsmethode (Tage kalendergenau, das Jahr zu 360 Tagen).

3. Es ist nun die **Frage** zu beantworten, **welche Rechte** die Dr. Erich Schöne GmbH geltend machen kann, wenn die „parfümerie exclusive" sich in **Zahlungsverzug** befindet.

a) **Welche Rechte** kann die Dr. Erich Schöne GmbH **unmittelbar nach Inverzugsetzung** ihres Kunden in Anspruch nehmen?

b) **Welche weitergehenden Rechte** kann die Erich Schöne GmbH **unter welcher Voraussetzung** geltend machen?

c) **Welchen Verzugsschaden** könnte der Lieferer gegebenenfalls seinem Kunden in Rechnung stellen?

d) **Wie viel Prozent Verzugszinsen** kann die Dr. Erich Schöne GmbH ihrem Kunden in Rechnung stellen?

e) **Wie viel Prozent Verzugszinsen** könnte die „parfümerie exclusive" **einer ihrer Kundinnen** bei ausbleibender Zahlung in Rechnung stellen?

f) **Ab welchem Datum** können von der Dr. Erich Schöne GmbH **Verzugszinsen** berechnet werden?

g) **Was** versteht man unter dem sog. **Basiszinssatz?** (Drei Merkmale angeben.)

h) **Mit welcher Klausel** im Kaufvertrag hätte die **Zahlung höherer Zinsen** vereinbart werden können?

Lösungshinweis: Der jeweils gültige Basiszinssatz kann als Berechnungsgrundlage herangezogen werden.

i) **Wie viel Euro Verzugszinsen** wird die Dr. Erich Schöne GmbH der „parfümerie exclusive" berechnen, wenn der Rechnungsbetrag am 15. Juli 20.. beglichen wird?

j) **Welchen Sinn** macht es, wenn der Gesetzgeber die säumigen Zahler mit **relativ hohen Verzugszinsen** belastet?

k) **Nennen Sie** zwei Gegebenheiten dafür, dass sich eine **besondere Nachfristsetzung** für die Zahlung **erübrigt.**

l) **Angenommen,** die Dr. Erich Schöne GmbH möchte nach Ablauf einer angemessenen Nachholfrist für den Käufer vom Kaufvertrag **zurücktreten** und **gleichzeitig Schadensersatz statt Leistung** geltend machen.

Kann die Erich Schöne GmbH **beide Rechte gleichzeitig in Anspruch** nehmen, falls die Voraussetzungen dafür gegeben sind?

m) **Angenommen,** die Dr. Erich Schöne GmbH entschließt sich nach mehreren erfolglosen Mahnungen dazu, vom **Kaufvertrag zurückzutreten.**

ma) **Nennen Sie zwei Gegebenheiten,** die einen solchen Schritt als **sinnvoll** erscheinen lassen.
mb) **Welche praktischen Hemmnisse** können sich der beim Rücktritt vom Kaufvertrag zu veranlassenden **„Rückgewähr der gegenseitig bewirkten Leistungen" entgegenstellen?**

4. **Beurteilen Sie** kurz die **Zahlungsmoral in Europa.**

5.2 Aufgaben zur Lernzielkontrolle und Sicherung des Lernerfolgs

Entscheidungsaufgabe

Entscheiden Sie, ob bei den **unten stehenden Zahlungsbedingungen** eine **Mahnung des Lieferers Voraussetzung** dafür ist, dass der **Schuldner (Kunde) in Zahlungsverzug gerät**.

Lösungsbeispiel: (a) **Ja.**

(a) „Zahlung sofort"
(b) „Zahlbar 10 Tage nach Rechnungsdatum"
(c) „Zahlung 14 Tage nach Rechnungserhalt"
(d) „Zahlbar am 5. Okt. 20.."
(e) „Zahlbar gegen Monatsende"
(f) „Zahlbar 30 Tage nach Bestelldatum"
(g) „Zahlbar ab 1. Okt. 20.."
(h) „Zahlbar spätestens Ende Oktober"
(i) „Zahlung innerhalb von 10 Tagen mit 2 % Skonto oder innerhalb von 30 Tagen rein netto" (ab Rechnungsdatum)
(j) „Zahlbar 30 Tage nach Bestelleingang"

Aufgaben mit Auswahlantworten

(1 aus 5 bzw. 1 aus 8 [Aufg. 3])

[1] Welche der folgenden **Aussagen zum Zahlungsverzug** ist **falsch?**

(a) Wenn dem Käufer in den Zahlungsbedingungen, die einem Kaufvertrag zugrunde liegen, ein bestimmter Zahlungstermin gesetzt ist, so befindet er sich schon ab dem Fälligkeitstermin der Rechnung in Zahlungsverzug.

(b) Der Schuldner einer Geldforderung kommt spätestens 30 Tage nach Fälligkeit und Zugang einer Rechnung automatisch in Verzug, und zwar auch ohne vorherige Mahnung.

(c) Soweit keine besonderen vertraglichen Regelungen bestehen, ist eine Geldschuld während des Zahlungsverzugs mit 5 oder 8 Prozentpunkten über dem Basiszinssatz zu verzinsen.

(d) Der Lieferer darf den Kunden überhaupt nicht mit Verzugszinsen belasten, wenn in den Zahlungsbedingungen, die dem abgeschlossenen Vertrag zugrunde liegen, darüber keine Aussagen gemacht werden.

(e) Neben Verzugszinsen kann der Lieferer auch den Ersatz seiner Auslagen, z. B. die Kosten für Mahnschreiben, ersetzt verlangen.

[2] Welches von den unten angeführten Rechten kann ein Lieferer **nicht** geltend machen, wenn der Kunde in Zahlungsverzug ist?

(a) Er kann weiterhin Zahlung verlangen.

(b) Er kann Zahlung und Ersatz der entstandenen Kosten (z. B. für Mahnschreiben) verlangen.

(c) Er kann Zahlung und Verzugszinsen verlangen

(d) Er kann nach Ablauf einer angemessenen Nachfrist die Zahlung ablehnen und Rücktritt vom Kaufvertrag verlangen.

(e) Er kann ohne Nachfristsetzung Schadensersatz wegen Nichterfüllung verlangen.

[3] Die Polstermöbelwerke A. Klein & Söhne KG, Reutlingen, haben an das Möbelfachgeschäft Fritz Wunder & Co. OHG, Aalen, Polstermöbel im Wert von 22.800,00 € geliefert. Bestellzeitpunkt: 12. Jan., Auftragsbestätigung vom 18. Jan., Lieferung am 15. Febr., Rechnungsdatum: 12. Febr., Zahlungsbedingung: Zahlungsziel ein Monat ab Rechnungsdatum, Zahlungserinnerung am 20. März, erste Mahnung am 5. April.

Von welchem Zeitpunkt ab kann der Lieferer Verzugszinsen verlangen?

(a) ab Bestelldatum (12. Jan.)

(b) ab dem Datum der Auftragsbestätigung (18. Jan.)

(c) ab dem Lieferungszeitpunkt (15. Febr.)

(d) ab dem Rechnungsdatum (12. Febr.)

(e) ab dem Fälligkeitsdatum der Rechnung (12. März)

(f) ab dem Datum der Zahlungserinnerung (20. März)

(g) ab dem Datum der ersten Mahnung (5. April).

(h) Keiner der angegebenen Zeitpunkte trifft zu.

[4] Der Rentner Karl Seibold hat in der Fahrradhandlung Peter Kottmann ein Herrenfahrrad zu 280,00 € gekauft und Zahlung am Monatsende versprochen, sobald die Junirente auf sein Konto überwiesen wird. Trotz mehrfacher schriftlicher Mahnung des Lieferers im Laufe des Juli und August zahlt der Kunde nicht. Besondere Vereinbarungen irgendwelcher Art wurden nicht getroffen. Welche der folgenden Maßnahmen darf der Lieferer **nicht** vornehmen?

(a) Dem Kunden das Fahrrad bei der nächstbesten Gelegenheit einfach wegnehmen.

(b) Den Kunden auf Zahlung verklagen.

(c) Dem Kunden einen Mahnbescheid zuschicken.

(d) Eine Pfändung seiner Rentenbezüge in die Wege leiten.

(e) Den Verkauf weiterer Waren (z. B. Zubehör) an den Kunden (Barzahlung) ablehnen.

5.3 Zusammenfassung wichtiger Lerninhalte

- **Die Voraussetzungen für das Eintreten des Zahlungsverzugs** sind grundsätzlich identisch mit denen des Lieferungsverzugs, weil in beiden Fällen ein Schuldnerverzug vorliegt (Fälligkeit, Mahnung, Verschulden).
- **Rechte des Verkäufers:** Nach Eintritt des Zahlungsverzugs hat er Anspruch auf Erfüllung (Zahlung); außerdem kann er Erfüllung und Ersatz des Verzugsschadens verlangen. Nach Ablauf einer angemessenen Nachfrist ist Rücktritt vom Kaufvertrag möglich; zugleich oder alternativ kann er Schadensersatz statt Leistung fordern.
- **Automatisch in Zahlungsverzug** gerät der Schuldner einer Geldforderung immer dann, wenn 30 Tage nach Zugang einer Rechnung und Fälligkeit noch keine Zahlung erfolgte. Das gilt aber nur unter der Voraussetzung, dass vertraglich keine Regelungen über den Zahlungszeitpunkt getroffen wurden und der Schuldner kein Verbraucher ist.
- **Die Höhe der Verzugszinsen** ist in § 288 BGB geregelt. Der Verzugszinssatz beträgt bei bürgerlichen Rechtsgeschäften (Privatkäufen) und einseitigen Handelsgeschäften (Verbrauchsgüterkäufen) fünf Prozentpunkte über dem Basiszinssatz; bei zweiseitigen Handelsgeschäften sind es acht Prozent.
- **Der Basiszinssatz** richtet sich nach dem Zinssatz für die Hauptrefinanzierungsoperationen der Europäischen Zentralbank. Er verändert sich zum 1. Januar und 1. Juli eines jeden Jahres.
- **Die Zahlungsmoral in Europa:** Deutschland hat im Vergleich zu anderen europäischen Staaten die kürzesten Zahlungsziele; trotzdem begleichen deutsche Unternehmen ihre Eingangsrechnungen pünktlicher als ausländische Betriebe.

6 Aufgaben zur Gesamtwiederholung und für Klassenarbeiten

Aufgabe 1: Lieferungsverzug

Zum Auftakt der neuen Joggingsaison hat das Sporthaus Lorenz am 1. März bei der Firma Lamex Sport GmbH verschiedene Jogginghosen, -oberteile und -schuhe laut besonderer Aufstellung im Gesamtwert von 4.525,80 € bestellt. Der Lieferer hatte in seinem Angebot vom 28. Febr. sofortige Lieferung frei Haus zugesagt. In der Bestellung bezog sich das Sporthaus Lorenz auf diese Angebotsbedingungen und verlangte sofortige Lieferung, spätestens jedoch innerhalb von vier Wochen ab dem Bestelldatum.

1.1 Am 12. März ist die bestellte Ware immer noch nicht im Sporthaus Lorenz eingetroffen. Prüfen Sie möglichst genau, ob die Lieferfirma in Verzug geraten ist.

1.2 Bis zum 29. März ist von der Lamex Sport GmbH weder eine Nachricht noch die Lieferung eingetroffen. Klären Sie die Rechtslage.

1.3 Welche Rechte kann das Sporthaus Lorenz nach Eintritt des Lieferungsverzugs geltend machen? Beschreiben Sie die einzelnen Rechte möglichst genau.

1.4 Verfassen Sie im Auftrag des Sporthauses Lorenz am 30. März ein Schreiben, indem Sie auf die eingetretene Rechtslage hinweisen. Bringen Sie hierbei auch Ihre Verärgerung über die Unpünktlichkeit des Lieferanten zum Ausdruck.
Setzen Sie der Lamex Sport GmbH eine angemessene Nachfrist bis zum 6. April und drohen Sie ihr die Geltendmachung von Schadensersatz wegen Nichterfüllung an.

1.5 In welchen besonderen Fällen könnte sich das Sporthaus Lorenz eine besondere Nachfristsetzung ersparen und gleich die Rechte aus dem Lieferungsverzug geltend machen?

1.6 Kann das Sporthaus Lorenz nach Ablauf der Nachfrist Rücktritt vom Kaufvertrag und gleichzeitig auch Schadensersatz statt Leistung verlangen?

1.7 Angenommen, es gelingt dem Inhaber des Sportgeschäfts Lorenz, die bestellte Joggingbekleidung nach Ablauf der Nachfrist kurzfristig anderweitig zu beschaffen, allerdings zu einem Preis von 4.932,20 €.

1.7.1 Welche Art von Schadensberechnung liegt in diesem Falle vor? (Begründung)

1.7.2 Wie hoch ist die Schadensersatzforderung des Sporthauses Lorenz gegenüber der Lamex Sport GmbH, wenn noch 11,30 € für Mahn- und Schreibgebühren berechnet werden?

1.8 Angenommen, Herrn Lorenz gelingt es nicht mehr rechtzeitig, die fehlende Joggingbekleidung in der gewünschten Qualität anderweitig aufzutreiben, weil inzwischen – ähnlich wie vor Jahren bei den Radfahrhosen – ein regelrechter Nachfrageboom nach Joggingartikeln eingesetzt hat (Modeerscheinung). Wie erfolgt in diesem Falle die Berechnung des durch den Lieferungsverzug entstandenen Schadens? (Genaue Beschreibung)

2 Für eine am 4. Okt. beginnende regionale Handwerksmesse in Osnabrück bestellt der Hausrenovierer Anton Baumeister am 6. Mai eine Verkaufstheke bei der Firma OMIRA Ausstellungsbedarf GmbH in Leipzig. Die Lieferung soll genau am 1. Okt., spätestens 17 Uhr, erfolgen, und zwar an den Stand 312 der Halle 14. In der Auftragsbestätigung der OMIRA wird dieser Liefertermin ausdrücklich bestätigt.

2.1 Wie nennt man ein solches Rechtsgeschäft? (Begründung)

2.2 Wie unterscheidet sich dieses Rechtsgeschäft von einem Terminkauf?

2.3 Der 1. Oktober vergeht und die bestellte Verkaufstheke wird nicht geliefert. Wie ist die Rechtslage?

2.4 Angenommen, der Fahrer des Lastwagens, in dem sich die Theke befand, ist am 1. Oktober ohne eigenes Verschulden in einen Verkehrsunfall auf der Autobahn verwickelt worden. Hierbei wurde die Theke stark beschädigt. Welche Rechte kann Baumeister in diesem Falle geltend machen?

2.5 Wie wäre der Fall zu beurteilen gewesen, wenn der Fahrer des Lastwagens lediglich eine Reifenpanne auf der Autobahn gehabt hätte, sodass die Lieferung erst am nächsten Vormittag hätte erfolgen können?

2.6 Wie wäre die Rechtslage, wenn auf der Autobahn weder eine Reifenpanne noch ein Verkehrsunfall zu verzeichnen gewesen wäre, wenn jedoch die OMIRA den Fahrer erst am 2. Okt. mit der Lieferung losgeschickt hätte, weil sie zu wenig Fahrpersonal zur Verfügung hatte?

2.7 Als Hausrenovierer ist Herr Baumeister mit einer Methode vertraut, die das pünktliche Einhalten einer vereinbarten Lieferfrist weitgehend sicherstellt.

2.7.1 Welche Vorgehensweise ist damit gemeint? Beschreiben Sie diese Methode kurz.

2.7.2 Was kann der Käufer in diesem Falle fordern, wenn der Lieferer mit der Lieferung in Verzug gerät?

Aufgabe 2: Bestimmung und Begründung des Verzugszeitpunkts (Zahlungsverzug)

Situation 1: Ein Einzelhändler (E) liefert Ware an einen Verbraucher (V); es liegt also ein sog. Verbrauchsgüterkauf (einseitiger Handelskauf) vor. Die unten angeführten Beispiele 1 bis 6 beziehen sich allesamt auf diesen Sachverhalt, variieren diesen jedoch entsprechend den jeweils gegebenen Daten und Fakten.

Daten und Fakten	**Beispiel 1**	**Beispiel 2**	**Beispiel 3**	**Beispiel 4**	**Beispiel 5**	**Beispiel 6**
Lieferungstermin	03.03.20..	03.03.20..	03.03.20..	03.03.20..	03.03.20..	03.03.20..
Rechnungsdatum	03.03.20..	03.03.20..	03.03.20..	03.03.20..	03.03.20..	07.03.20..
Rechnungszugang	03.03.20..	03.03.20..	03.03.20..	03.03.20..	07.03.20..	10.03.20..
Im Kaufvertrag vereinbarte Zahlungsmodalitäten	keine	keine	keine	„Zahlung sofort bei Lieferung"	„Zahlung innerhalb von 30 Tagen ab Lieferung"	„Zahlung innerhalb von 14 Tagen ab Rechnungsdatum netto Kasse"
Hinweis auf Eintritt des Zahlungsverzugs[1]	ja	ja	nein	ja	ja	ja
Mahnung wegen fehlender Zahlung	keine	am 18.03.	keine	keine	keine	am 28.03.

1 Vgl. § 286 Abs. 3, S. 1, 2. Teil BGB

Situation 2: Ein Hersteller (H) liefert Ware an einen Großhändler (G); es liegt also ein zweiseitiger Handelskauf vor.

Daten und Fakten	**Beispiel 1**	**Beispiel 2**	**Beispiel 3**
Liefertermin, Rechnungsdatum und Rechnungszugang	03.03.	03.03.	03.03.
Im Kaufvertrag vereinbarte Zahlungsmodalität	keine	„Zahlbar bis spätestens 10.03.20.."	„Zahlbar 10 Tage ab Rechnungsdatum netto Kasse. Ist die Zahlung innerhalb dieser Frist nicht eingegangen, so treten die Rechtsfolgen des Leistungsverzugs ein."
Mahnung wegen fehlender Zahlung	keine	keine	keine

Aufgabe 3: Schlechtleistung (mangelhafte Lieferung)

Der Steuerinspektor Carsten Lohmann kaufte sich am 15. Jan. 20.. im Autohaus Sommerfeld GmbH, Krefeld, einen fabrikneuen Pkw. Bei einer Fahrt in den Urlaub nach Italien am 3. Juni desselben Jahres blieb das Fahrzeug mit einem Motorschaden auf der Autobahn bei Verona liegen.

3.1 Was für eine Art Kauf liegt in diesem Falle vor? Lösungshinweis. Beachten Sie die Rechtsstellung der am Kauf beteiligten Personen (§ 13 f. BGB).

3.2 Ist ein Sachmangel gegeben?

3.3 Welche Voraussetzungen müssen erfüllt sein, dass Lohmann Ansprüche aus der Sachmängelhaftung (Gewährleistungsansprüche) geltend machen kann?

3.4 Wer trägt in diesem Falle die Beweislast dafür, dass der Mangel bereits bei Gefahrübergang vorhanden war? (Begründung)

3.5 Angenommen, der Motorschaden wäre nicht am 3. Juni, sondern erst am 15. September 20.. aufgetreten. Wie ist in diesem Falle die Rechtslage?

3.6 Angenommen, der Hersteller des Pkw hätte Carsten Lohmann für die Funktionsfähigkeit des Motors eine zweijährige Garantie gewährt.

3.6.1 Wie muss eine solche Garantieerklärung von der Form her abgefasst sein?

3.6.2 Welche inhaltlichen Angaben muss die Garantieerklärung des Pkw-Herstellers enthalten?

3.6.3 Wäre die Garantieerklärung des Pkw-Herstellers auch dann wirksam, wenn sie einem oder mehreren der in § 477 Abs. 1 S. 2 BGB erwähnten Anforderungen nicht entspricht?

3.6.4 Welchen Vorteil für Carsten Lohmann hätte eine zweijährige Garantieübernahme für die Funktionsfähigkeit des Motors gegenüber den gesetzlichen Gewährleistungsvorschriften?

3.7 Herr Lohmann ist wegen der Unannehmlichkeiten im Zusammenhang mit seinem liegen gebliebenen Fahrzeug so erregt, dass er dem Autohaus Sommerfeld gegenüber seinen sofortigen Rücktritt vom Kaufvertrag erklärt. Ist sein Anspruch berechtigt? (Anmerkung: Gehen Sie bei den weiteren Fragen davon aus, dass die Voraussetzungen für die Geltendmachung der gesetzlichen Gewährleistungsansprüche gegeben sind und dass der Pkw-Hersteller keine Garantieerklärung abgegeben hat.)

3.8 Was bedeutet „Rücktritt vom Kaufvertrag"?

3.9 Um den geplanten Italienurlaub noch zu retten, verlangt Lohmann noch am 3. Juni 20.. vom Autohaus Sommerfeld die sofortige Zurverfügungstellung eines Ersatzwagens. Wird er mit diesem Anspruch durchkommen?

3.10 Welches dritte Recht außer Nachbesserung und Neulieferung könnte Lohmann auch noch geltend machen? Erläutern Sie diesen Gewährleistungsanspruch.

3.11 Was soll durch den Anspruch des Käufers auf Nacherfüllung erreicht werden?

3.12 Da ein Ersatzwagen wegen langer Lieferzeiten im Herstellerwerk nicht sofort zu beschaffen ist, nimmt Lohmann das Recht auf Nachbesserung in Anspruch.

3.12.1 Das Autohaus Sommerfeld baut daraufhin einen neuen Motor in das Fahrzeug ein. Hierbei entstehen Kosten in Höhe von 2.350,00 Euro. Wer trägt diese Kosten?

3.12.2 Das Schicksal will es, dass auch der Austauschmotor streikt. Lohmann ist mit seinen Nerven am Ende. Er stellt dem Autohaus Sommerfeld das Fahrzeug zur Verfügung und verlangt statt der Leistung Schadensersatz. Wird er mit diesem Anspruch durchkommen?

3.13 Angenommen, der Versuch einer Nachbesserung kann endgültig als gescheitert angesehen werden. Welche Rechte kann Lohmann nun in Anspruch nehmen?

3.14 Welches Recht würden Sie im vorliegenden Fall anstelle von Lohmann geltend machen? (Begründung)

3.15 Muss Lohmann vor der Geltendmachung eines nachrangigen Gewährleistungsanspruchs im vorliegenden Falle dem Autohaus Sommerfeld eine angemessene Nachfrist setzen?

3.16 Kann Lohmann dem Autohaus Sommerfeld die im Zusammenhang mit der Autopanne in Verona angefallenen Kosten (Abschlepp-, Hotelübernachtungskosten, Entschädigung für Urlaubsausfall) in Höhe von 1.233,00 Euro sowie 78,60 Euro Taxikosten in Rechnung stellen, die im Zusammenhang mit den Nachbesserungsversuchen angefallen sind?

3.17 Kann Lohmann vom Autohaus Sommerfeld 450,00 Euro Mehrkosten ersetzt verlangen, die er bei einem anderen Händler für das gleiche Modell bezahlen muss?

Aufgabe 4: Schlechtleistung (mangelhafte Lieferung)

Der Polizeibeamte Manfred Klein kaufte im Mitnahmemarkt des Möbelhauses Gloria einen kombinierten Schreib- und Computertisch Modell San Remo zur Selbstmontage für 645,00 Euro. Der Zusammenbau des Möbelstücks misslang, weil die mitgelieferte Montageanleitung – wie sich später herausstellte – völlig unbrauchbar war. Bei dem Fehlversuch wurden die Vorderseiten von drei Schreibtischschubladen beschädigt. Herr Klein hat gleich nach dem gescheiterten Zusammenbau des Möbelstücks beim Möbelhaus Gloria persönlich vorgesprochen und versucht, Ersatz für die beschädigten drei Schreibtischschubladen zu bekommen.

4.1 Kann Herr Klein grundsätzlich wegen einer fehlerhaften Montageanleitung Gewährleistungsansprüche geltend machen? (Begründung)

4.2 Welche Voraussetzungen müssen erfüllt sein, damit Herr Klein Gewährleistungsansprüche geltend machen kann? (Zwei Angaben)

4.3 Wer trägt die Beweislast für den aufgetretenen Sachmangel?

4.4 Wird Herr Klein mit seinem Anspruch auf Ersatzlieferung für die drei beschädigten Schubladen durchkommen?

4.5 Wer trägt die Kosten für die zweite Fahrt zum Möbelhaus Gloria?

4.6 Als Herr Klein die falsche Montageanleitung reklamiert, erklärt ihm der Verkäufer, dass ihm dieser Sachverhalt bekannt sei. Versehentlich seien den kombinierten Schreib- und Computertischen des Modells San Remo von der Herstellerfirma falsche Montageanleitungen beigepackt worden. Kartons mit Teilen dieses Modells und richtigen Montageanleitungen seien nicht mehr auf Lager und werden auch nicht mehr geliefert, da es sich um ein Auslaufmodell handele. Welche rechtliche Konsequenzen hat diese Aussage des Verkäufers für Herrn Klein? (Genaue Beschreibung erforderlich.)

4.7 Angenommen, eine der falsch montierten Schreibtischschubladen fällt beim Herausziehen aus der Halterung und beschädigt die Mechanik eines daneben stehenden Kopierapparats. Der entstandene Schaden beträgt 245,00 Euro. Kann Herr Klein diesen Schaden vom Möbelhaus Gloria ersetzt verlangen?